中3理科

◆登場キャラクター◆

理人（りひと）
飼育係の男の子。
動物や植物は大好き
だが，理科がニガテ。

ととまる
学校で飼ってて
毎日自然にふれてい、
理科にくわしくなった。

ハカセ
科学の研究者。
学校の裏山の研究所
に住んでいる。

→ここから読もう！

放課後

ハカセの研究所

①

じゅうぶん勉強したし，ぼくってもうハカセの立派な助手だよね〜？

②

は？

③

その程度で立派な助手？

まだ2年の内容までしかやってないのに？

実験もバッチリわかってるの？

調子にのるな！

④

ごめん言いすぎた

ザッ

⑤

ならば理人，特別授業じゃ！

きみは見どころがある!!

ハカセ!!

⑥

さっそく理科を極めるフィールドワークへ出発じゃ！

はいっ!!

⑦

いざっ

雑用係がほしいって言ってたもんな

そういえばハカセ，

⑧

本書の使い方

授業と一緒に…
テスト前の学習や，授業の復習として使おう!

入試対策の前に…
中学3年の復習に。苦手な部分をこれで解消!!

左の まとめページ と，右の 問題ページ で構成されています。

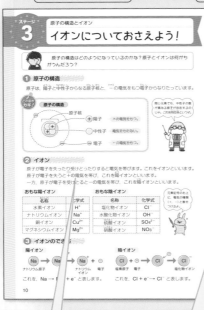

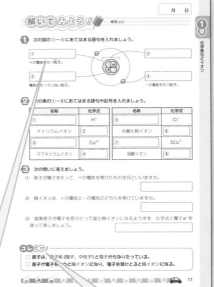

重要用語
この単元で重要な用語を赤字にしているよ。

解いてみよう!
まずは，穴うめで左ページのことを確認しよう。

コレだけ!
これだけは覚えておきたいポイントをのせているよ。

確認テスト
章の区切りごとに「確認テスト」があります。
テスト形式なので，学習したことが身についたかチェックできます。

章末「理人のプラス1ページ」
知っておくと便利なプチ情報です。この内容も覚えておくとバッチリ!

別冊解答
解答は本冊の縮小版になっています。

赤字で解説を入れているよ。

 化学変化とイオン

スマートフォンやテレビのリモコンなど，電池はいろいろなところに使われているね。

電池はいったいどういったしくみでつくられているのだろう？

まずは燃料電池自動車の水素ステーションへ行ってみよう！

電流が流れる水溶液を調べよう！

食塩水や砂糖水などいろいろな水溶液があるけれど，どんな水溶液でも電流が流れるのかな？

◆ 電流が流れる水溶液を調べる実験 ◆

（実験方法）

①精製水に固体や液体の物質を入れてとかし，水溶液をつくる。

②右の図のような装置で3～6Vの電圧を加えて，精製水に電流が流れるかどうかを調べる。

③①で用意した水溶液に電流が流れるかどうかを調べ，電極のようすも観察する。

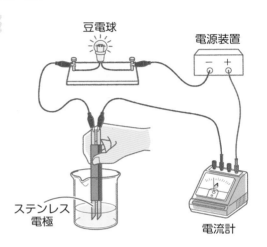

豆電球
電源装置
ステンレス電極
電流計

（実験結果）

ここがカギ！

液体	電流	電極付近
精製水	流れない	変化なし
食塩水	流れる	気体が発生
塩酸	流れる	気体が発生
水酸化ナトリウム水溶液	流れる	気体が発生
砂糖水	流れない	変化なし
エタノール水溶液	流れない	変化なし

塩酸は塩化水素という気体の水溶液だよ！

まとめ

食塩水，塩酸，水酸化ナトリウム水溶液は電流が流れた。

➡水にとけると水溶液に電流が流れる物質を電解質という。

砂糖水，エタノール水溶液は電流が流れなかった。

➡水にとけても水溶液に電流が流れない物質を非電解質という。

解いてみよう！

解答 p.2

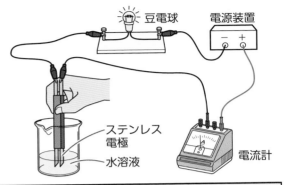

豆電球　電源装置

ステンレス電極

水溶液

電流計

1 右の図のようにして，さまざまな水溶液に電流が流れるかどうかを調べました。また，そのときの電極付近のようすも観察しました。

下の実験結果を示した表の①〜③にあてはまる語句を入れましょう。

水溶液	電流	電極付近
食塩水	①	気体が発生
砂糖水	②	変化なし
水酸化ナトリウム水溶液	流れる	③

2 次の問いに答えましょう。

(1) 精製水には電流が流れますか，流れませんか。

(2) ある物質を水にとかして水溶液としたとき，水溶液に電流が流れる物質を何といいますか。

(3) ある物質を水にとかして水溶液としたとき，水溶液に電流が流れない物質を何といいますか。

3 次のア〜オの物質について，あとの問いに答えましょう。

　　ア　砂糖　　　　　　　イ　食塩　　　　　ウ　塩化水素
　　エ　水酸化ナトリウム　オ　エタノール

(1) 電解質はどれですか。すべて選びましょう。

(2) 非電解質はどれですか。すべて選びましょう。

コレだけ！

□ 水にとけると水溶液に電流が流れる物質を電解質という。

□ 水にとけても水溶液に電流が流れない物質を非電解質という。

電流を流したときの変化を見てみよう！

 水溶液に電流を流したときには，どんな化学変化が起こっているんだろう？

◆ **水溶液に電流を流す実験** ◆

実験方法

①右の図のような装置で塩化銅水溶液を電気分解する。

②陽極から発生した気体と陰極に付着した物質の性質を調べる。

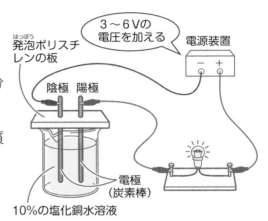

3～6Vの電圧を加える

発泡ポリスチレンの板

電源装置

陰極　陽極

電極（炭素棒）

10%の塩化銅水溶液

実験結果

陽極	プールの消毒用の薬品のようなにおいがあり，赤インクを入れた水にたらすとインクの色が消えた（漂白作用）→塩素が発生
陰極	赤色の物質が付着し，こすると金属光沢が出た→銅ができた

金属の性質には，電気をよく通す，熱をよく伝える，みがくと光る，たたくと広がり引っぱるとのびるという性質があったのう。

 ここがカギ！

塩化銅水溶液の電気分解

塩化銅　　　　　　　　銅　　　　　　塩素

$$CuCl_2 \implies Cu + Cl_2$$

陰極に付着。　　　陽極で発生。

まとめ

塩化銅水溶液を電気分解すると，陽極から塩素が発生し，陰極に銅が付着する。

→水溶液中で，塩素はマイナスの電気を帯びた粒子に，銅はプラスの電気を帯びた粒子になっている。

解いてみよう！　解答 p.2

1 下の図のようにして，塩化銅水溶液に電流を流し電気分解しました。①～③にあてはまる語句を入れ，あとの問いに答えましょう。

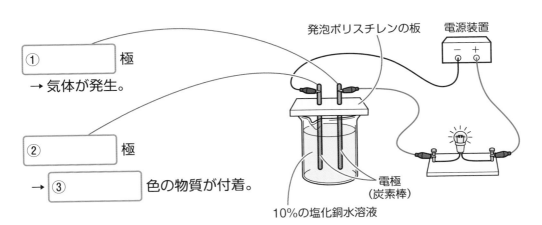

① ☐ 極
→ 気体が発生。

② ☐ 極
→ ③ ☐ 色の物質が付着。

発泡ポリスチレンの板　電源装置

電極
（炭素棒）

10%の塩化銅水溶液

(1) 陰極の炭素棒についた赤色の物質をろ紙にとり，薬さじなどでこすると金属光沢が見られました。この物質を何といいますか。 ☐

(2) 陽極の炭素棒付近の水溶液をとりだし，赤インクで色をつけた水に落とすと漂白作用により赤インクの色が消えました。これより，陽極からは何という気体が発生しましたか。 ☐

(3) 次の化学反応式は，塩化銅水溶液の電気分解を表したものです。①，②にあてはまる化学式を答えましょう。

$$CuCl_2 \longrightarrow \boxed{①} + \boxed{②}$$

コレだけ！

☐ 塩化銅水溶液の電気分解では，陽極から塩素が発生し，陰極には銅が付着する。

☐ 塩化銅水溶液の電気分解によって，塩素はマイナスの電気を帯びた粒子に，銅はプラスの電気を帯びた粒子になる。

イオンについておさえよう！

原子の構造はどのようになっているのかな？原子とイオンは何がちがうんだろう？

❶ 原子の構造

原子は，陽子と中性子からなる原子核と，−の電気をもつ電子からなりたっています。

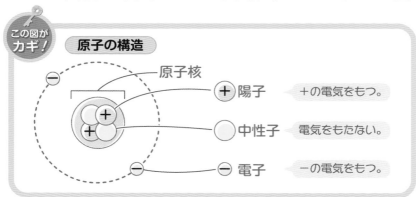

この図が **カギ！**

原子の構造

原子核

$+$ 陽子 ── ＋の電気をもつ。

○ 中性子 ── 電気をもたない。

$-$ 電子 ── −の電気をもつ。

同じ元素でも，中性子の数が異なる原子が存在するのじゃ。これを同位体というぞ。

❷ イオン

原子が電子を失ったり受けとったりすると電気を帯びます。これを**イオン**といいます。
原子が電子を失うと＋の電気を帯び，これを**陽イオン**といいます。
一方，原子が電子を受けとると−の電気を帯び，これを**陰イオン**といいます。

おもな陽イオン

名称	化学式
水素イオン	H^+
ナトリウムイオン	Na^+
銅イオン	Cu^{2+}
マグネシウムイオン	Mg^{2+}

おもな陰イオン

名称	化学式
塩化物イオン	Cl^-
水酸化物イオン	OH^-
硫酸イオン	SO_4^{2-}
硝酸イオン	NO_3^-

元素記号の右上に，電気の種類（＋，−）と数をつけるよ。

❸ イオンのでき方

陽イオン

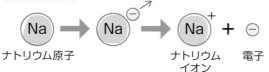

ナトリウム原子 ナトリウムイオン 電子

これを，$Na \rightarrow Na^+ + e^-$ と表します。

陰イオン

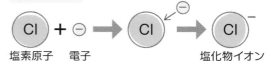

塩素原子 電子 塩化物イオン

これを，$Cl + e^- \rightarrow Cl^-$ と表します。

解いてみよう！ 　　　　解答 p.2

月　　　日

1 次の図の①〜④にあてはまる語句を入れましょう。

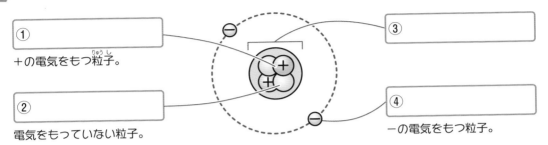

① ＋の電気をもつ粒子。

② 電気をもっていない粒子。

③

④ −の電気をもつ粒子。

2 次の表の①〜⑧にあてはまる語句や記号を入れましょう。

名称	化学式
①	H^+
ナトリウムイオン	②
③	Cu^{2+}
マグネシウムイオン	④

名称	化学式
⑤	Cl^-
水酸化物イオン	⑥
⑦	$SO_4{}^{2-}$
硝酸イオン	⑧

3 次の問いに答えましょう。

(1) 原子が電子を失って，＋の電気を帯びたものを何といいますか。

(2) 陰イオンは，＋の電気と−の電気のどちらを帯びていますか。

(3) 塩素原子が電子を受けとって塩化物イオンになるようすを，化学式と電子 e^- を使って表しましょう。

コレだけ！

☐ 原子は，原子核（陽子，中性子）と電子からなりたっている。

☐ 原子が電子を失うと陽イオンになり，電子を受けとると陰イオンになる。

1 2 3 4 5 6 7 8 9 10 11 12

1章 化学変化とイオン

電離を表す化学反応式

電離のようすをイオンで表してみよう！

食塩などの電解質は，水にとけているときどのようになっているのかな？

① 電離

電解質が水にとけて，陽イオンと陰イオンに分かれることを電離といいます。
電離のようすは，化学式を使って次のように表します。

ここが カギ！

$$NaCl \longrightarrow Na^+ + Cl^-$$
塩化ナトリウム　　ナトリウムイオン　塩化物イオン

$$HCl \longrightarrow H^+ + Cl^-$$
塩化水素　　　　水素イオン　　　塩化物イオン

$$CuCl_2 \longrightarrow Cu^{2+} + 2Cl^-$$
塩化銅　　　　　銅イオン　　　塩化物イオン

塩化ナトリウムは食塩のことだね。

② 電離のようす

塩化ナトリウムを水にとかしたときのようすを見てみましょう。

塩化ナトリウムが水にとけると，ナトリウムイオンと塩化物イオンに分かれ，イオンは自由に動けるようになります。

このため，電圧をかけると電流が流れます。

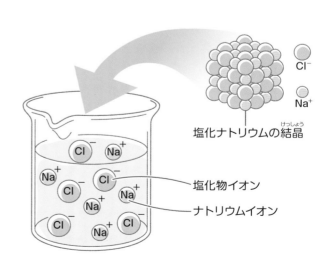

Cl^-
Na^+
塩化ナトリウムの結晶
塩化物イオン
ナトリウムイオン

 解答 p.2

1 次の①～⑥にあてはまる化学式を入れましょう。

●塩化ナトリウムの電離のようす

NaCl　⟶　① ＋ ②

陽イオン。　　　　　陰イオン。

●塩化水素の電離のようす

HCl　⟶　③ ＋ ④

陽イオン。　　　　　陰イオン。

●塩化銅の電離のようす

$CuCl_2$　⟶　⑤ ＋ ⑥

陽イオン。　　　　　陰イオン。

2 次の問いに答えましょう。

(1) 電解質は，水にとけると何と何に分かれますか。

　　　　　と

(2) 電解質が(1)のようになることを何といいますか。

3 次の図は塩化ナトリウムを水にとかしたようすを表しています。

(1) ①，②にあてはまる語句を入れましょう。

① ──イオン

② ──イオン

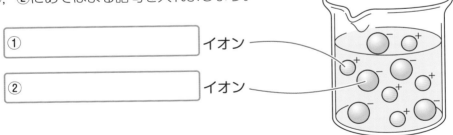

(2) この水溶液に電圧をかけると電流は流れますか，流れませんか。

コレだけ！

□ 電解質は水にとけると電離し，陽イオンと陰イオンに分かれる。

□ 電解質の水溶液中では，陽イオンと陰イオンが自由に動くことができ，電圧をかけると電流が流れる。

水溶液の性質を調べよう！

酸性の水溶液，アルカリ性の水溶液にはどんな性質があるんだろう？

① 酸性とアルカリ性の水溶液

酸性の水溶液には，塩酸，硫酸，炭酸水，食酢 (酢酸)，レモン汁などがあります。

アルカリ性の水溶液には，水酸化ナトリウム水溶液，アンモニア水，石灰水 (水酸化カルシウム水溶液) などがあります。

中性の水溶液には，食塩水 (塩化ナトリウム水溶液)，砂糖水，エタノール水溶液などがあります。

② 酸性とアルカリ性の水溶液の性質

酸性，アルカリ性，中性のそれぞれの水溶液の性質を調べてみましょう。

ここがカギ！

	酸性	中性	アルカリ性
電流が流れるかどうか	流れる	流れる／流れない	流れる
赤色リトマス紙の変化	変化なし	変化なし	青色になる
青色リトマス紙の変化	赤色になる	変化なし	変化なし
BTB溶液の変化	黄色になる	緑色になる	青色になる
フェノールフタレイン溶液の変化	無色	無色	赤色になる
マグネシウムを入れたとき	水素が発生する	水素は発生しない	水素は発生しない

中性の水溶液には電解質の水溶液と非電解質の水溶液があるんじゃ。

リトマス紙，BTB溶液，フェノールフタレイン溶液などを指示薬というんだよ。

解答 p.3

1 次の表の①～⑦にあてはまる語句を入れましょう。

	酸性	中性	アルカリ性
電流が流れるかどうか	流れる	流れる／流れない	流れる
赤色リトマス紙の変化	変化なし	変化なし	① 色になる
青色リトマス紙の変化	② 色になる	変化なし	変化なし
BTB溶液の変化	③ 色になる	④ 色になる	⑤ 色になる
フェノールフタレイン溶液の変化	無色	無色	⑥ 色になる
マグネシウムを入れたとき	水素が発生 ⑦	水素は発生しない	水素は発生しない

2 次の①～⑩の水溶液を，酸性，中性，アルカリ性に分け，それぞれの番号を答えましょう。

① 塩酸	② エタノール水溶液	③ アンモニア水	④ 石灰水
⑤ 炭酸水	⑥ レモン汁	⑦ 食酢	⑧ 食塩水
⑨ 水酸化ナトリウム水溶液		⑩ 砂糖水	

酸性 [　　　　　　　　　　]

中性 [　　　　　　　　　　]

アルカリ性 [　　　　　　　　　　]

コレだけ！

☐ 酸性の水溶液は，青色リトマス紙を赤色に変え，BTB溶液を黄色にする。

☐ アルカリ性の水溶液は，赤色リトマス紙を青色に変え，BTB溶液を青色にし，フェノールフタレイン溶液を赤色にする。

酸性・アルカリ性の正体を調べよう！

酸性の水溶液とアルカリ性の水溶液，それぞれが共通の性質を示したのは何によるものなのかな？

◆ 酸性・アルカリ性を示すもとになるものを調べる実験 ◆

実験方法

①図のようにスライドガラスに食塩で湿らせたろ紙を置き，中央にpH試験紙を置いて，電源装置につなぐ。
②pH試験紙の中央にうすい塩酸を滴下し，電圧を加える。
③pH試験紙の色の変化を観察する。
④うすい水酸化ナトリウム水溶液でも同様の実験を行う。

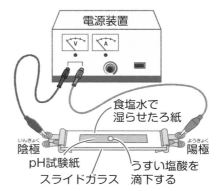

電源装置

食塩水で
湿らせたろ紙

陰極　pH試験紙　うすい塩酸を
スライドガラス　滴下する　陽極

実験結果

ここが
カギ！

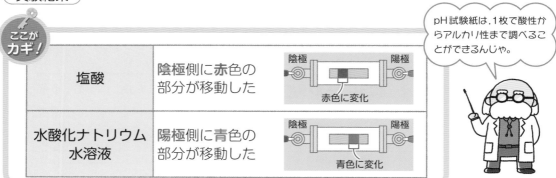

塩酸	陰極側に**赤色**の部分が移動した	陰極　陽極　赤色に変化
水酸化ナトリウム水溶液	陽極側に青色の部分が移動した	陰極　陽極　青色に変化

pH試験紙は，1枚で酸性からアルカリ性まで調べることができるんじゃ。

まとめ

- 塩酸は，$HCl \longrightarrow H^+ + Cl^-$ に電離する。
➡ 陰極側に移動するのは陽イオンなので，**水素イオンH^+がpH試験紙を赤く変えた**と考えられる。
- 水酸化ナトリウムは，$NaOH \longrightarrow Na^+ + OH^-$ に電離する。
➡ 陽極側に移動するのは陰イオンなので，**水酸化物イオンOH^-がpH試験紙を青く変えた**と考えられる。

水溶液中で電離して**水素イオンH^+を生じる物質**を酸といいます。
また，水溶液中で電離して**水酸化物イオンOH^-を生じる物質**をアルカリといいます。

解いてみよう！　　解答 p.3

1　図のような装置をつくり，pH試験紙の上に，うすい塩酸を滴下して，電圧を加えました。また，うすい水酸化ナトリウム水溶液でも同様の実験を行いました。この実験で用いたpH試験紙は，酸性で赤色，アルカリ性で青色に変化します。次の実験結果をまとめた表の①〜④にあてはまる語句を入れましょう。

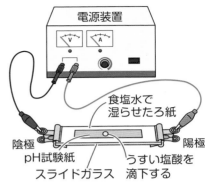

電源装置

食塩水で湿らせたろ紙

陰極　　　　　　　　　　　　　　　　陽極
pH試験紙　　　　　うすい塩酸を
スライドガラス　　滴下する

塩酸	①	極側に ②	色の部分が移動した
水酸化ナトリウム水溶液	③	極側に ④	色の部分が移動した

2　次の問いに答えましょう。

(1) 塩酸の電離のようすは，化学式を使って次のように表されます。①，②にあてはまる化学式を答えましょう。

$$HCl \longrightarrow \boxed{①} + \boxed{②}$$
陽イオン　　　　　　陰イオン

(2) 水酸化ナトリウムの電離のようすは，化学式を使って次のように表されます。①，②にあてはまる化学式を答えましょう。

$$NaOH \longrightarrow \boxed{①} + \boxed{②}$$
陽イオン　　　　　　陰イオン

3　次の問いに答えましょう。

(1) 酸が水溶液中で電離して生じる陽イオンは何ですか。

(2) アルカリが水溶液中で電離して生じる陰イオンは何ですか。

コレだけ！

□　水溶液中で電離して水素イオン H^+ を生じる物質を酸という。

□　水溶液中で電離して水酸化物イオン OH^- を生じる物質をアルカリという。

酸性・アルカリ性の強さを調べよう！

水溶液によって，酸性やアルカリ性の強さはちがうのかな？また，その強さはどのように表せるんだろう？

1 pH

水溶液の酸性，アルカリ性の強さは pH（ピーエイチ）で表します。

この図がカギ！

身のまわりの物質のpH

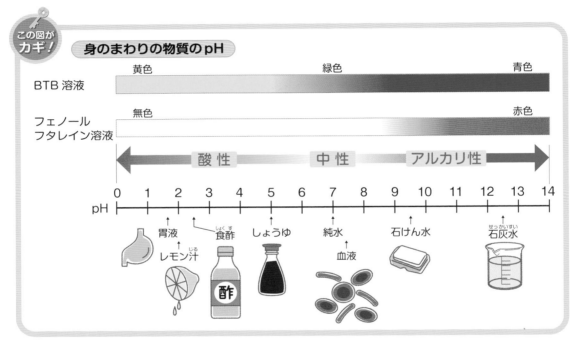

pHの値が7のとき，水溶液は中性です。
また，pHの値が7より小さいほど強い酸性，pHの値が7より大きいほど強いアルカリ性です。

pH試験紙やpHメーターで測定することができるね。

2 酸性の水溶液と金属の反応

塩酸と酢酸にマグネシウムを入れると，水素が発生しますが，塩酸のほうが酸性が強く，酢酸のほうが酸性が弱いため，反応のしかたがちがいます。

酸の電離で生じたH^+が水素になったのじゃ。

塩酸
マグネシウム
激しく反応。

酢酸
マグネシウム
おだやかに反応。

解答 p.3

1 次の図の①～⑤にあてはまる語句を入れましょう。

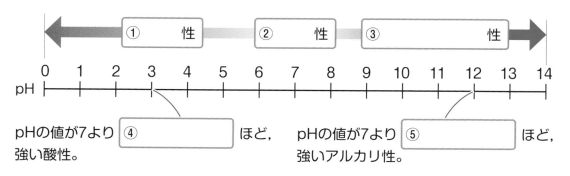

pHの値が7より ④ [　　　] ほど，強い酸性。　　pHの値が7より ⑤ [　　　] ほど，強いアルカリ性。

2 次のア～カの身のまわりの物質について，酸性を示すもの，中性を示すもの，アルカリ性を示すものに分けましょう。

| ア 純水 | イ 石けん水 | ウ 胃液 |
| エ 石灰水 | オ レモン汁 | カ 食酢 |

酸性を示すもの [　　　]

中性を示すもの [　　　]

アルカリ性を示すもの [　　　]

3 次の問いに答えましょう。

(1) 塩酸にマグネシウムを入れると発生する気体は何ですか。

[　　　]

(2) 塩酸と酢酸にそれぞれマグネシウムを入れると，どちらの水溶液のほうが激しく反応しますか。

[　　　]

コレだけ！

□ 水溶液の酸性，アルカリ性の強さはpHで表す。

□ pHが7のとき中性，7より小さいとき酸性，7より大きいときアルカリ性。

1 2 3 4 5 6 7 8 9 10 11 12

ステージ **8** 中和と塩

酸性・アルカリ性の水溶液を混ぜてみよう!

酸性の水溶液(すいようえき)とアルカリ性の水溶液を混ぜると,水溶液の性質はどうなるんだろう?

① 中和(ちゅうわ)と塩(えん)

酸性の水溶液とアルカリ性の水溶液を混ぜると,水素イオンと水酸化物イオンから**水**ができ,たがいの性質を打ち消し合います。

この反応を**中和**といいます。

BTB溶液を加えた塩酸に水酸化ナトリウム水溶液を加えていくと,次のように溶液の色が変化していきます。

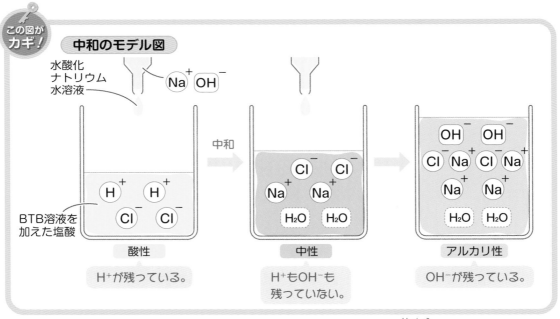

この図が **カギ!**

中和のモデル図

このとき,中性の水溶液を蒸発させると,**塩化ナトリウム**の結晶(けっしょう)が得られます。

中和によってできる物質を**塩**といいます。

塩酸と水酸化ナトリウム水溶液の中和の反応は,右のように表すことができます。

中和の化学反応式

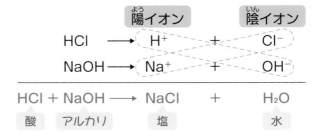

陽(よう)イオン 　　　 陰(いん)イオン

$HCl \longrightarrow H^+ \ + \ Cl^-$

$NaOH \longrightarrow Na^+ \ + \ OH^-$

$HCl + NaOH \longrightarrow NaCl \ + \ H_2O$

酸　　アルカリ　　　　塩　　　　　　水

20

解いてみよう！　　解答 p.3

1 次の図の①～⑤にあてはまる化学式を入れましょう。

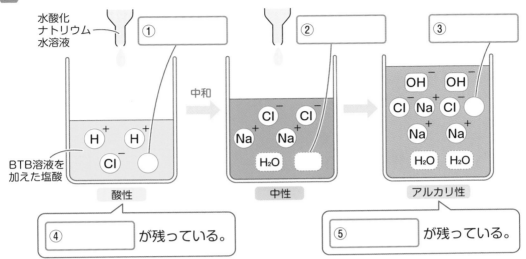

④ ┃　　　　┃ が残っている。　　⑤ ┃　　　　┃ が残っている。

2 右の図のように，BTB溶液を加えた塩酸に水酸化ナトリウム水溶液を加えていきました。

水酸化ナトリウム水溶液

BTB溶液を加えた塩酸

(1) 塩酸に水酸化ナトリウム水溶液を加えると水ができます。この反応を何といいますか。

(2) 塩酸の陰イオンと水酸化ナトリウムの陽イオンが結びつくことでできる物質は何ですか。

(3) (2)の総称を何といいますか。

(4) この反応を化学反応式で表しましょう。

コレだけ！

□ 酸性とアルカリ性の水溶液を混ぜたとき水ができ，たがいの性質を打ち消し合う反応を中和という。

□ 中和の化学反応式は　酸　＋　アルカリ　──→　塩　＋　水

電池をつくってみよう！

金属板や水溶液の組み合わせを変えて，電池をつくってみよう！どんな組み合わせのときに電流が流れるのかな？

物質がもっているエネルギーを**化学エネルギー**といいます。

この化学エネルギーを化学変化によって**電気エネルギー**に変えてとり出す装置を**電池**（**化学電池**）といいます。

◆ 電池をつくる実験 ◆

（実験方法）

①金属に，銅板，亜鉛板，マグネシウム板，水溶液に塩酸，食塩水，砂糖水を用意する。

②金属板と水溶液の組み合わせを変えながら，右の図のように 2 枚の金属板を水溶液に入れ，モーターをつないでようすを調べる。

③②でモーターが回転した組み合わせについて電極間の電圧をはかり，＋極と－極を調べる。

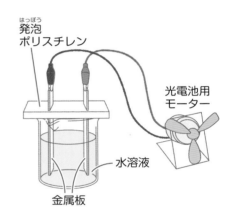

発泡ポリスチレン

光電池用モーター

水溶液

金属板

（実験結果）

②の結果
- 塩酸と食塩水では，同じ種類の金属板を入れるとモーターは回転しなかった。
- 砂糖水では，モーターは回転しなかった。
- モーターが回転したとき，－極では金属板がとけ，＋極では気体が発生した。

③の結果

＋極	－極
銅	亜鉛
銅	マグネシウム
亜鉛	マグネシウム

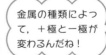
金属の種類によって，＋極と－極が変わるんだね！

まとめ

- 電解質水溶液に**同じ種類の金属を入れる**と電流が流れなかった。
- **非電解質水溶液**では電流が流れなかった。
- ➡電解質水溶液に **2 種類の金属板を入れる**と，電流をとり出すことができる。

解いてみよう！ 　解答 p.4

1 右の図のような装置で，銅板や亜鉛板と砂糖水や塩酸を用いて，組み合わせを変えてモーターが回転するかを調べました。次の問いに答えましょう。

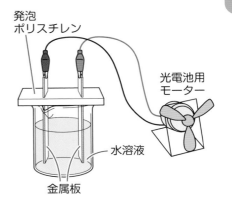

発泡ポリスチレン

光電池用モーター

水溶液

金属板

(1) 銅板と亜鉛板を砂糖水に入れると，電流は流れますか，流れませんか。

(2) 銅板2枚を塩酸に入れると，電流は流れますか，流れませんか。

(3) 銅板と亜鉛板を塩酸に入れると，電流は流れますか，流れませんか。

(4) (3)の電池では，銅板と亜鉛板のどちらが＋極になりますか。

(5) 電池をつくるには，電解質水溶液と非電解質水溶液のどちらを使用しますか。

コレだけ！

□ 化学エネルギーを電気エネルギーに変えてとり出す装置を化学電池という。

□ 化学電池は2種類の金属板を電解質水溶液に入れることでつくることができる。

金属のイオンへのなりやすさを調べよう!

 ステージ9の実験では，電流が流れたとき，－極(マイナス)の金属がとけたよね。
これにはどんな理由があるんだろう？

◆ 金属のイオンへのなりやすさを調べる実験 ◆

(実験方法)

①マイクロプレートに，マグネシウム(Mg)片，亜鉛(あえん)(Zn)片，銅(Cu)片を入れる。

②それぞれに，硫酸(りゅうさん)マグネシウム(MgSO₄)水溶液(すいようえき)，硫酸亜鉛(ZnSO₄)水溶液，硫酸銅
(CuSO₄)水溶液を入れ，変化のようすを観察する。

(実験結果)

	マグネシウム(Mg)	亜鉛(Zn)	銅(Cu)
硫酸マグネシウム水溶液 (Mg^{2+})		変化なし	変化なし
硫酸亜鉛水溶液 (Zn^{2+})	灰色の物質が生じた	マグネシウムがイオンとなってとけ出し，亜鉛が付着した。	変化なし
硫酸銅水溶液 (Cu^{2+})	赤色の物質が生じた	赤色の物質が生じた	マグネシウムや亜鉛がイオンとなってとけ出し，銅が付着した。

まとめ

・マグネシウムは亜鉛よりイオンになりやすく，マグネシウムと
亜鉛は銅よりイオンになりやすいことがわかった。

➡金属のイオンへのなりやすさは，Mg > Zn > Cu の順となる。

電池では，イオンになりやすい金属が－極になります。

> マグネシウムと硫酸亜鉛水溶液では，
> $Mg \longrightarrow Mg^{2+} + 2e^-$
> $Zn^{2+} + 2e^- \longrightarrow Zn$
> の反応が起こっているよ。

解答 p.4

1 マイクロプレートに金属片と水溶液を入れて，金属のイオンへのなりやすさを調べました。次の問いに答えましょう。

(1) 下の表は実験の結果を表したものです。①～③にあてはまる語句を入れましょう。

	マグネシウム	亜鉛	銅
硫酸マグネシウム水溶液		変化なし	①
硫酸亜鉛水溶液	② ＿＿＿色の物質が生じた		変化なし
硫酸銅水溶液	赤色の物質が生じた	③ ＿＿＿色の物質が生じた	

(2) マグネシウム片を硫酸亜鉛水溶液に入れたときに生じた物質は何ですか。

(3) 亜鉛片を硫酸銅水溶液に入れたときに生じた物質は何ですか。

(4) Mg，Zn，Cuの3つの金属を，イオンになりやすい順に並べましょう。

＿＿＿ ＞ ＿＿＿ ＞ ＿＿＿

□ **金属のイオンへのなりやすさにはちがいがある。**
　Mg，Zn，Cuの場合， Mg ＞ Zn ＞ Cu

電池のしくみを考えよう！

ステージ9の電池はすぐに電圧が下がっちゃうみたいだよ。もっと長持ちする電池はつくれないかな？

1 ダニエル電池とそのしくみ

亜鉛（Zn）板と銅（Cu）板，硫酸亜鉛（$ZnSO_4$）水溶液と硫酸銅（$CuSO_4$）水溶液を使って，セロハン膜で仕切った図のような電池を**ダニエル電池**といいます。

亜鉛板が－極，銅板が＋極となります。

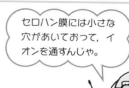

セロハン膜には小さな穴があいておって，イオンを通すんじゃ。

この図がカギ！

ダニエル電池

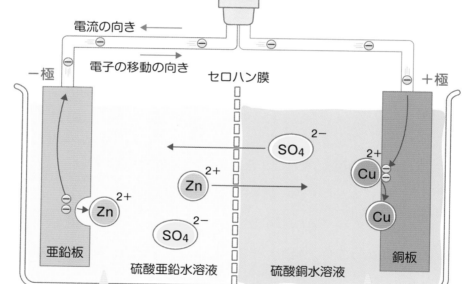

亜鉛原子Znが電子を失って，亜鉛イオンZn^{2+}となってとけ出す。

銅イオンCu^{2+}が電子を受けとって，銅原子Cuとなって付着する。

－極と＋極の反応は，次のような化学反応式で表せます。

－極：$Zn \longrightarrow Zn^{2+} + 2e^-$

＋極：$Cu^{2+} + 2e^- \longrightarrow Cu$

ここにも注目

電流が流れると，硫酸亜鉛水溶液の濃度は濃く，硫酸銅水溶液の濃度はうすくなっていく。

解いてみよう！　　　解答 p.4

1 次の図の①〜④にあてはまる化学式や＋または－の記号を入れ，あとの問いに答えましょう。

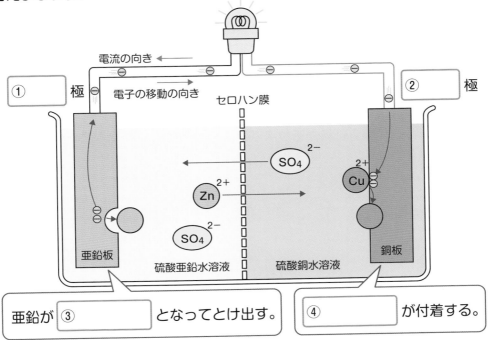

電流の向き ←

① ［　　　］極

電子の移動の向き

セロハン膜

② ［　　　］極

亜鉛板

硫酸亜鉛水溶液

硫酸銅水溶液

銅板

$SO_4{}^{2-}$

Zn^{2+}

Cu^{2+}

$SO_4{}^{2-}$

亜鉛が ③ ［　　　］となってとけ出す。

④ ［　　　］が付着する。

(1) 図のような電池を何といいますか。　　　［　　　　　　　　　］

(2) この電池の－極と＋極での化学変化を化学反応式で表します。次の①〜④にあてはまる化学式を答えましょう。

－極：① ［　　　　　］ $\longrightarrow$ ② ［　　　　　］ $+\ 2e^-$

＋極：③ ［　　　　　］ $+\ 2e^- \longrightarrow$ ④ ［　　　　　］

(3) 硫酸亜鉛水溶液の濃度は，電流が流れることで濃くなりますか，うすくなりますか。

［　　　　　　　　　］

コレだけ！

□ ダニエル電池の各極では，次のような反応が起きている。

－極：$Zn \longrightarrow Zn^{2+} + 2e^-$　　　＋極：$Cu^{2+} + 2e^- \longrightarrow Cu$

ステージ 12

いろいろな電池

身のまわりの電池を調べよう！

テレビのリモコンや携帯電話など，身のまわりのものに使われている電池にはどんな種類があるんだろう？

❶ 一次電池と二次電池

使い切りタイプの電池を**一次電池**といい，充電によってくり返し使うことができる電池を**二次電池**といいます。

電池にはいろいろな形や材料がありますが，これらはどれも**化学エネルギー**から**電気エネルギー**を得ています。

一次電池

| マンガン乾電池 | 空気亜鉛電池 | リチウム電池 |
リモコン　　　補聴器　　　うで時計

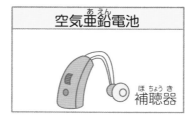

二次電池

ニッケル水素電池　　リチウムイオン電池　　鉛蓄電池
電動工具　　携帯電話　ノート型パソコン　自動車のバッテリー

❷ 燃料電池

水の電気分解とは逆の化学変化を利用して，電気エネルギーをとり出す電池を**燃料電池**といいます。

水素と酸素が結びついて水ができる際に生じるエネルギーを，電気エネルギーとして利用します。

家庭用の燃料電池や燃料電池自動車に使われているぞ。

ここが**カギ！**

燃料電池の反応

$$2H_2 + O_2 \longrightarrow 2H_2O$$
$$\downarrow$$
電気エネルギー

水しか生じないから，環境への悪影響が少ないと考えられているよ。

解いて みよう！　　解答 p.4

1 次の問いに答えましょう。

(1) 充電することで，くり返し使うことができる電池を何といいますか。

(2) 水の電気分解と逆の化学変化を利用した電池を何といいますか。

(3) (2)の電池の反応を表した化学反応式の①〜③にあてはまる化学式を答えましょう。

$$2 \boxed{①} + \boxed{②} \longrightarrow \boxed{③}$$

2 次のア〜カの電池について，一次電池と二次電池に分け，それぞれ記号を答えましょう。

ア　マンガン乾電池	イ　鉛蓄電池	ウ　ニッケル水素電池
エ　リチウムイオン電池	オ　リチウム電池	カ　空気亜鉛電池

一次電池

二次電池

コレだけ！

□ 使い切りタイプの電池を一次電池といい，充電によってくり返し使うことができる電池を二次電池という。

□ 水の電気分解の逆の化学変化を利用して，電気エネルギーをとり出す電池を燃料電池という。

確認テスト

解答 p.5

/100点

1 図のように塩化銅水溶液に電流を流し，電気分解したところ，A極には赤い物質が付着し，B極付近からは気体が発生しました。次の問いに答えましょう。
(8点×4)

ステージ 1 2

A極 B極

発泡ポリスチレンの板

塩化銅水溶液

炭素棒

(1) 塩化銅のように，水溶液にしたときに電流が流れる物質を何といいますか。

(2) A極に付着した赤い物質とB極付近で発生した気体を化学式で書きましょう。

A極 ☐ 　　　 B極付近 ☐

(3) A極とB極のうち，陽極はどちらですか。

2 図1のような装置をつくり，2種類の水溶液A，BをpH試験紙の中央に滴下して電圧を加えました。その結果，図2のようにAでは陰極側に赤色の部分が移動し，Bでは陽極側に青色の部分が移動しました。なお，A，Bは，水酸化ナトリウム水溶液，塩酸のいずれかです。あとの問いに答えましょう。(6点×3)

ステージ 5 6 7

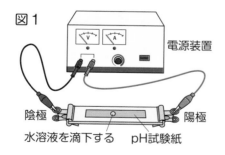

図1

電源装置

陰極　　　陽極
水溶液を滴下する　　pH試験紙

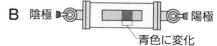

図2

A 陰極　　　　　陽極
　　　赤色に変化

B 陰極　　　　　陽極
　　　青色に変化

(1) Aで陰極側に移動したイオンとBで陽極側に移動したイオンの名称を答えましょう。

Aで陰極側に移動したイオン ☐

Bで陽極側に移動したイオン ☐

(2) A，Bのうち，水溶液にマグネシウムを入れると反応して気体を発生するのはどちらですか。

3 塩酸に水酸化ナトリウム水溶液を加えたときの液の性質を調べるために，次のような実験を行いました。あとの問いに答えましょう。(6点×3) ステージ 8

〔実験〕
①うすい塩酸に緑色のBTB溶液を数滴加えた。
②①に，うすい水酸化ナトリウム水溶液を，少しずつ加えたところ，液の色が緑色になった。

(1) ①のとき，液は何色になりますか。

(2) ②のときに起こる化学変化を化学反応式で表しましょう。

(3) 酸とアルカリの水溶液を混ぜて，水ができ，たがいの性質を打ち消し合う化学変化を何といいますか。

4 図は，ある化学電池のしくみを模式的に示したものです。次の問いに答えましょう。(8点×4) ステージ 11

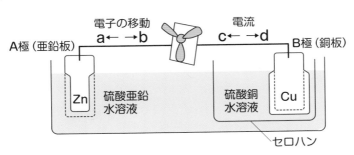

(1) この化学電池を何といいますか。

(2) 亜鉛と銅では，陽イオンになりやすいのはどちらですか。

(3) 図のA極，B極のうち，＋極はどちらですか。

(4) 図の電子の移動の向きと，電流の向きの組み合わせとして正しいものを，次のア～エから選びましょう。
　ア a, c　　イ a, d　　ウ b, c　　エ b, d

いろいろな中和と塩

中和する酸とアルカリの種類によって，できる塩の種類は変わる。

◆ 塩酸と水酸化ナトリウム水溶液の中和

> 水にとける。

HCl	+	$NaOH$	⟶	$NaCl$	+	H_2O
塩酸		水酸化ナトリウム		塩化ナトリウム		水

◆ 硝酸と水酸化カリウム水溶液の中和

> 水にとける。

HNO_3	+	KOH	⟶	KNO_3	+	H_2O
硝酸		水酸化カリウム		硝酸カリウム		水

◆ 炭酸と水酸化カルシウム水溶液の中和

> 白い沈殿。

H_2CO_3	+	$Ca(OH)_2$	⟶	$CaCO_3$	+	$2H_2O$
炭酸		水酸化カルシウム		炭酸カルシウム		水

水酸化カルシウム水溶液を石灰水ともいう。

◆ 硫酸と水酸化バリウム水溶液の中和

> 白い沈殿。

H_2SO_4	+	$Ba(OH)_2$	⟶	$BaSO_4$	+	$2H_2O$
硫酸		水酸化バリウム		硫酸バリウム		水

水にとける塩は，蒸発や再結晶でとり出すことができるんじゃ。

石灰水が白くにごる反応は中和だったんだね！

実験で反応を確かめてみたいな。

塩にもいろんな種類があるんだね。

次は
動物園へ
行こう！

2章 生命の連続性

植物や動物はどのように成長し，なかまを
ふやしていくのだろう？
　また，いろいろな種類の生物がいるけれど，
わたしたちはどのように進化してきたのかな？
動物園に行って，そのしくみを探ろう！

細胞の成長のようすを観察しよう!

 動物や植物が成長するとき,細胞にはどんな変化が起こっているのかな?

生物は**成長**すると,からだが大きくなります。

◆ タマネギの根の成長を調べる実験 ◆

実験方法

① タマネギの下の部分が水につかるようにおく。

② 出てきた根に等間隔に印をつけて4日間観察する。

③ 4日目の根のようすを顕微鏡で観察する。

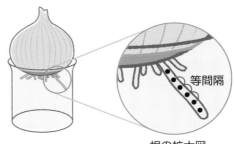

等間隔

根の拡大図

実験結果

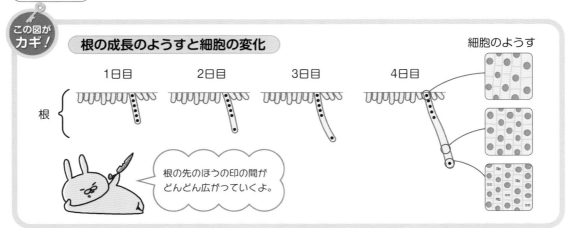

この図がカギ!

根の成長のようすと細胞の変化

細胞のようす

根 | 1日目　2日目　3日目　4日目

根の先のほうの印の間がどんどん広がっていくよ。

まとめ

・ 根の先端に近い印と印の間が**広がった**。

➡ **成長したのは,根の先端に近い部分である。**

・ 根の先端近くの細胞は根もとの細胞と比べると**小さかった**。

➡ **先端近くの細胞が分かれて数がふえている。**

1つの細胞が2つに分かれることを**細胞分裂**といいます。

細胞分裂によってふえた細胞が大きくなることで,生物は成長します。

解いてみよう！

解答 p.5

1 　根の成長について調べるために，次のような実験を行いました。あとの問いに答えましょう。

〔実験〕①タマネギの下の部分が水につかるようにおいた。

②出てきた根に等間隔に印をつけて4日間観察した。

③4日目の根のようすを顕微鏡で観察した。

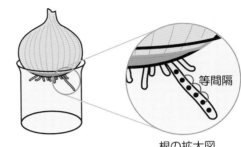

根の拡大図

(1)　印をつけた根の4日目のようすとして正しいものを，**ア〜エ**から選びましょう。

ア　　　　イ　　　　ウ　　　　エ

(2)　4日目の根のそれぞれの部分における細胞のようすについて，図の①〜③にあてはまるものを下の**ア〜ウ**からそれぞれ選びましょう。

ア　　　　　イ　　　　　ウ

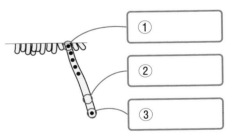

①
②
③

(3)　1つの細胞が2つに分かれることを何といいますか。

(4)　実験の結果から，(3)がさかんに起こるのは根の根もとと先端近くのどちらですか。

コレだけ！

□ 1つの細胞が2つに分かれることを**細胞分裂**という。

□ **細胞分裂は根の先端に近い部分**でさかんに起こる。

細胞分裂のようすを観察しよう!

わたしたちのからだも, 細胞(さいぼう)が分裂(ぶんれつ)して成長しているんだね。でも細胞ってどうやって分裂するのかな?

❶ 細胞分裂のようす

からだをつくる細胞で見られる細胞分裂をとくに, **体細胞分裂(たいさいぼうぶんれつ)**といいます。
細胞が分裂するとき, 核(かく)の中にひも状のものが見えます。これを**染色体(せんしょくたい)**といいます。

 この図がカギ!

植物の細胞分裂のようす

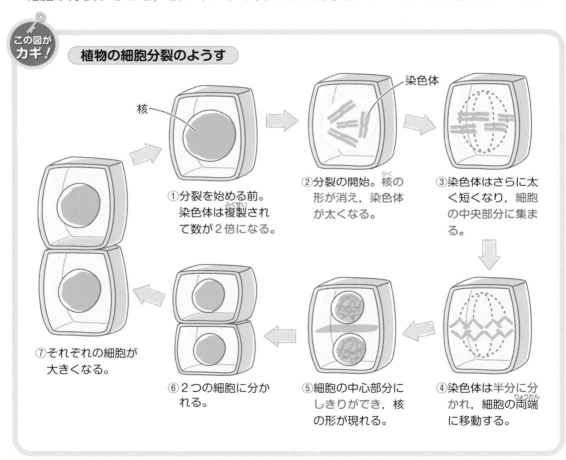

核

染色体

①分裂を始める前。染色体は複製(ふくせい)されて数が2倍になる。

②分裂の開始。核(かく)の形が消え, 染色体が太くなる。

③染色体はさらに太く短くなり, 細胞の中央部分に集まる。

④染色体は半分に分かれ, 細胞の両端(りょうたん)に移動する。

⑤細胞の中心部分にしきりができ, 核の形が現れる。

⑥2つの細胞に分かれる。

⑦それぞれの細胞が大きくなる。

染色体の数は, 生物によって決まっているんだよ!

ここにも注目

細胞分裂のようすは, 酢酸(さくさん)カーミン液(えき)や酢酸オルセイン液という染色液で核や染色体を染めて観察する。

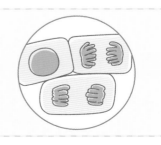

解いて みよう！　解答 p.5

❶ 次の図の①～⑤にあてはまる語句や数を入れましょう。

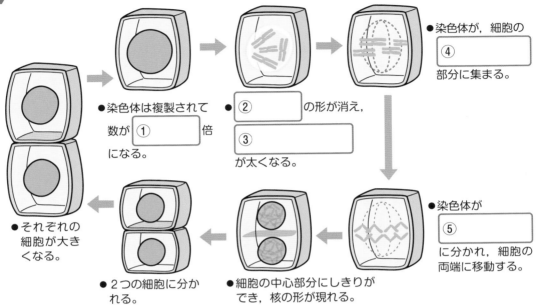

●染色体は複製されて数が ① 倍になる。

● ② の形が消え，③ が太くなる。

●染色体が，細胞の ④ 部分に集まる。

●染色体が ⑤ に分かれ，細胞の両端に移動する。

●細胞の中心部分にしきりができ，核の形が現れる。

●2つの細胞に分かれる。

●それぞれの細胞が大きくなる。

❷ 次の問いに答えましょう。

(1) からだをつくる細胞で見られる細胞分裂をとくに何といいますか。

(2) 細胞が分裂するとき，核の中に見えるひも状のものを何といいますか。

❸ 次の図のA～Fを，Aを最初として細胞分裂の順に並びかえましょう。

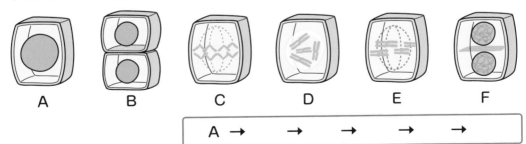

A　　B　　C　　D　　E　　F

A →　　→　　→　　→　　→

コレだけ！

□ からだをつくる細胞で見られる細胞分裂をとくに体細胞分裂という。

□ 体細胞分裂を始める前，染色体は複製されて数が2倍になる。

生物のふえ方をおさえよう！

 単細胞生物のゾウリムシやミカヅキモは，どうやってふえているのかな？

❶ 無性生殖

生物が自分と同じ種類の新しい個体をつくることを生殖といいます。
体細胞分裂によって新しい個体がつくられる生殖を無性生殖といいます。

ゾウリムシやミカヅキモなどの単細胞生物は，からだが２つに分裂することによって新しい個体をつくります。

また，多細胞生物でも，ジャガイモなどは，土にいもを植えると，そこから新しい芽や根が出てきて個体をつくります。
このような植物の無性生殖を栄養生殖といいます。

サツマイモやイチゴも，栄養生殖でふえるのじゃ。

この図がカギ！

無性生殖のようす

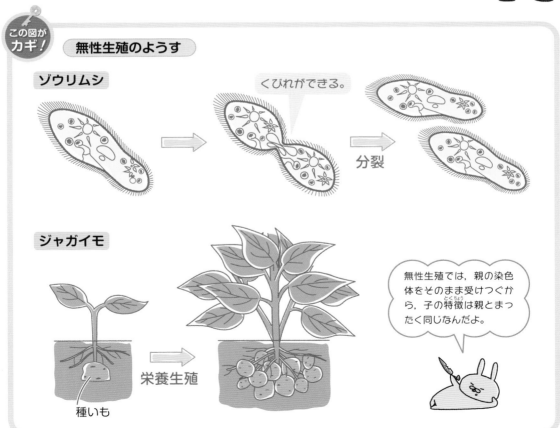

ゾウリムシ

くびれができる。

分裂

ジャガイモ

栄養生殖

種いも

無性生殖では，親の染色体をそのまま受けつぐから，子の特徴は親とまったく同じなんだよ。

解いて みよう！

解答 p.5

1 次の図の①，②にあてはまる語句を入れましょう。

①

ゾウリムシのように，からだが２つ
に分かれてふえる生殖。

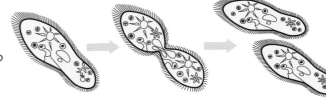

②

ジャガイモのように，植物のからだ
の一部から新しい個体をつくる生殖。

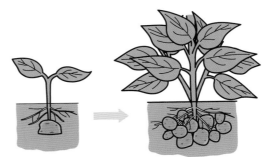

2 次の問いに答えましょう。

(1) 生物が自分と同じ種類の新しい個体をつくることを何といいますか。

(2) 体細胞分裂によってふえる生殖を何といいますか。

(3) 栄養生殖によってふえるものを次の**ア〜オ**からすべて選びましょう。

ア ミカヅキモ　　**イ** サツマイモ　　**ウ** オランダイチゴ
エ ゾウリムシ　　**オ** ジャガイモ

コレだけ！

- □ 単細胞生物のゾウリムシなどは分裂によって新しい個体をつくる。
- □ 多細胞生物でもジャガイモなどは栄養生殖によっていもから新しい個体をつくる。

動物のふえ方をおさえよう！

 ほとんどの動物には，雄と雌がいるよね。このような動物は，どうやってふえるんだろう？

❶ 生殖細胞

無性生殖とちがい，親の雌雄がかかわる生殖を**有性生殖**といいます。

有性生殖では，**生殖細胞**とよばれる，新しい個体をつくるための特別な細胞がつくられます。

動物では生殖細胞として，雌の**卵巣**では**卵**が，雄の**精巣**では**精子**がつくられます。

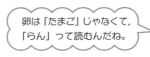 卵は「たまご」じゃなくて，「らん」って読むんだね。

卵の核と精子の核が合体することを**受精**といい，受精によってつくられる新しい細胞を**受精卵**といいます。

受精卵は，細胞分裂によって**胚**となり，分裂をくり返して個体の形がつくられます。

受精卵が胚になり，個体の体のつくりが完成していく過程を**発生**といいます。

雌と雄のカエル

雌

卵巣
卵

雄

精巣
精子

この図がカギ！　**カエルの発生**

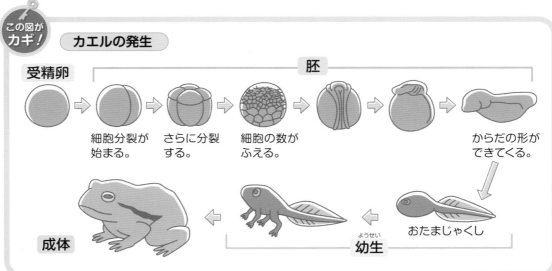

受精卵　胚

細胞分裂が始まる。　さらに分裂する。　細胞の数がふえる。　からだの形ができてくる。

成体　おたまじゃくし　幼生

解いて みよう！　　解答 p.6

1 次の図の①～③にあてはまる語句を入れましょう。

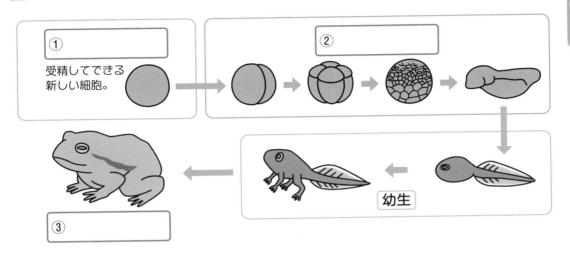

①
受精してできる
新しい細胞。

②

幼生

③

2 次の問いに答えましょう。

(1) 無性生殖とちがい，親の雌雄がかかわる生殖を何といいますか。

(2) 有性生殖を行うための特別な細胞を何といいますか。

(3) 動物の雌の卵巣でつくられる(2)を何といいますか。

(4) 動物の雄の精巣でつくられる(2)を何といいますか。

(5) 受精卵が胚になり，個体の体のつくりが完成していく過程を何といいますか。

コレだけ！

□ **動物の生殖細胞は卵と精子で，これらの核が合体して受精卵となる。**

□ **受精卵が細胞分裂をくり返して胚となり，体のつくりが完成するまでの過程を発生という。**

ステージ
17

植物の有性生殖
植物のふえ方をおさえよう！

植物は，受粉したあとどんなことが起こるんだろう？動物のふえ方と共通点はあるのかな？

❶ 被子植物の有性生殖

被子植物でも，動物と同じように2種類の**生殖細胞**がつくられます。

おしべのやくに入っている花粉の中では**精細胞**がつくられ，めしべの胚珠の中では**卵細胞**がつくられます。

花粉がめしべの柱頭について受粉すると，花粉から**花粉管**とよばれる管が胚珠に向かってのび，精細胞を運びます。

花粉管が胚珠に到達すると，精細胞の核と卵細胞の核が合体（**受精**）して，**受精卵**ができます。

受精卵は細胞分裂によって**胚**になり，胚珠は種子，子房は果実になります。

動物では精子と卵じゃったが，植物では精細胞と卵細胞とよばれるんじゃ。

そうなんだー

この図が
カギ！

被子植物の受精と発生

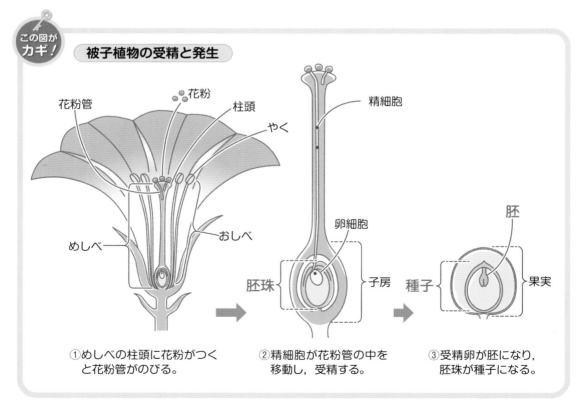

①めしべの柱頭に花粉がつくと花粉管がのびる。

②精細胞が花粉管の中を移動し，受精する。

③受精卵が胚になり，胚珠が種子になる。

解いて みよう！

解答 p.6

1 次の図の①～④にあてはまる語句を入れましょう。

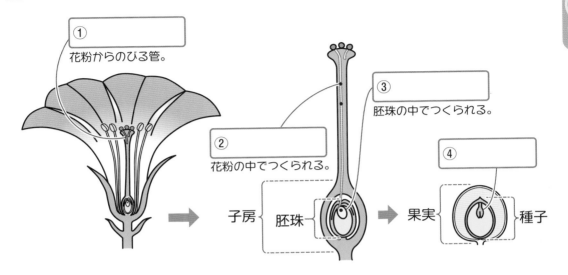

①
花粉からのびる管。

③
胚珠の中でつくられる。

②
花粉の中でつくられる。

④

子房 　胚珠 　　➡ 　果実 　種子

2 次の問いに答えましょう。

(1) 卵細胞はめしべの何でつくられますか。

(2) 花粉がめしべの柱頭について受粉したときに，花粉から胚珠に向かってのび，精細胞を運ぶ部分を何といいますか。

(3) 精細胞の核と卵細胞の核が合体することを何といいますか。

(4) (3)のあと，受精卵は細胞分裂をくり返して何になりますか。

コレだけ！

☐ **被子植物の生殖細胞は，卵細胞と精細胞である。**

☐ **被子植物では，受精卵が胚に，胚珠が種子に，子房が果実になる。**

⑬ ⑭ ⑮ ⑯ ⑰ ⑱ ⑲ ⑳ ㉑ ㉒ ㉓

生殖にかかわる細胞分裂をおさえよう！

染色体は親から子にどのように受けつがれるんだろう？無性生殖と
有性生殖でちがいはあるのかな？

① 無性生殖

無性生殖では，子の特徴は親の
特徴とまったく同じになります。
それは，体細胞分裂により，染
色体が親から子へと受けつがれて
いくからです。

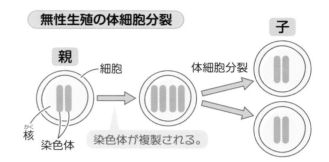

無性生殖の体細胞分裂

親　細胞　体細胞分裂　子

核　染色体　染色体が複製される。

② 有性生殖

有性生殖では，卵（卵細胞）と精子（精細胞）をつくると
きに，染色体の数がもとの細胞の半分になる減数分裂が
行われます。
その後，受精によって，子は親から半分ずつ染色体を
受けつぎます。そのため，子の特徴は親の特徴とは異な
っていることもあります。

親

子

この図が
カギ！

有性生殖の減数分裂

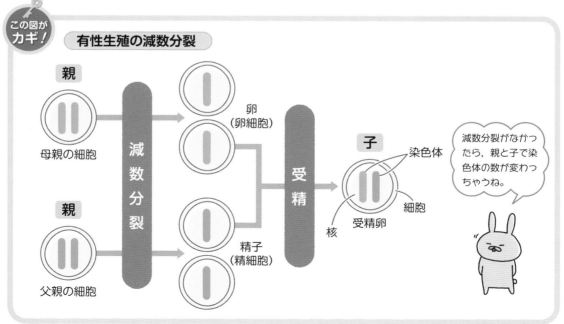

親

母親の細胞

減数分裂

卵
（卵細胞）

受精

子

染色体

細胞

受精卵

核

精子
（精細胞）

親

父親の細胞

減数分裂がなかっ
たら，親と子で染
色体の数が変わっ
ちゃうね。

解いて みよう！　　解答 p.6

1 次の図の①～③にあてはまる語句を入れましょう。

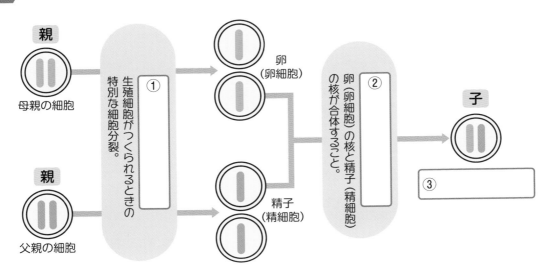

2 次の問いに答えましょう。

(1) 無性生殖で，染色体が親から子へとそのまま受けつがれていく細胞分裂を何といいますか。

(2) 有性生殖で，卵（卵細胞）と精子（精細胞）をつくるときに行われる特別な細胞分裂を何といいますか。

(3) (2)のあとにできた生殖細胞の染色体の数は，もとの細胞の染色体の数と同じですか，ちがいますか。

(4) 受精卵の染色体の数は，親の細胞の染色体の数と同じですか，ちがいますか。

コレだけ！

☐ 無性生殖では子と親の特徴はまったく同じになる。

☐ 有性生殖では減数分裂でできた生殖細胞が受精することによって，子は両親の染色体を半分ずつ受けつぐ。

遺伝

親から子へ伝わる特徴を調べよう!

親の特徴のすべてが子に受けつがれるのかな？

❶ 遺伝

　生物の特徴となる形や性質を**形質**といい，親の形質が子や孫に伝わることを**遺伝**といいます。

　また，遺伝するそれぞれの形質のもとになるものを**遺伝子**といいます。
遺伝子は細胞の核内の染色体にあります。

❷ エンドウの種子の形

　親，子，孫と世代を重ねても親とまったく同じ形質になる場合，これを**純系**といいます。

　丸形の種子をつくる純系のエンドウと，しわ形の種子をつくる純系のエンドウを親として受粉させると，子の種子はすべて丸形になります。

　このとき，子に現れる形質を**顕性形質**，子に現れない形質を**潜性形質**といいます。

　さらに，子の種子を植えて育てたあとに，花粉を同じ花のめしべにつけて自家受粉させてできる孫の代の種子は，丸形としわ形になります。

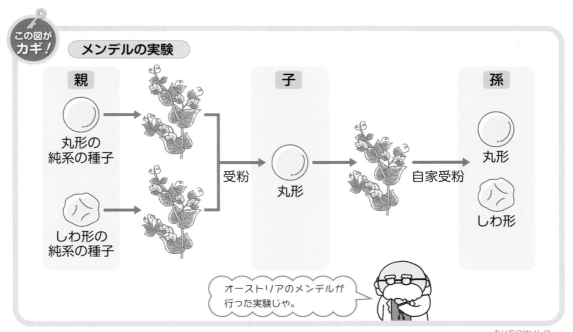

この図がカギ！

メンデルの実験

| 親 | 子 | 孫 |

丸形の純系の種子

しわ形の純系の種子

受粉

丸形

自家受粉

丸形

しわ形

オーストリアのメンデルが行った実験じゃ。

　エンドウの丸形としわ形のようにどちらか一方しか現れない形質どうしを**対立形質**といいます。

解いて みよう！

解答 p.6

1 次の図は，メンデルのエンドウの実験について表したものです。あとの問いに答えましょう。

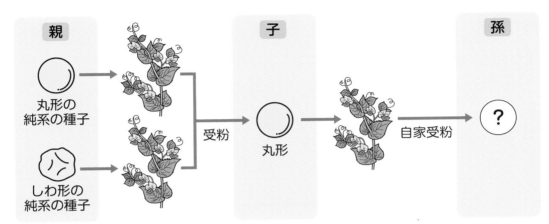

(1) 生物の特徴となる形や性質を何といいますか。

(2) 親の形質が子や孫に伝わることを何といいますか。

(3) 子の種子はすべて丸形でした。このとき，子に現れる形質を何といいますか。

(4) しわ形の形質のように，子に現れない形質を何といいますか。

(5) 上の図で，孫の代の種子の形は，次のア～ウのどれですか。

　　ア　丸形のみ　　　イ　しわ形のみ　　　ウ　丸形としわ形

コレだけ！

- [ ] 遺伝する形質のもとになる遺伝子は染色体にある。
- [ ] 対立形質をもつ純系どうしをかけ合わせたとき，子に現れる形質を顕性形質，子に現れない形質を潜性形質という。

ステージ 20 分離の法則

遺伝の規則性をおさえよう!

親から子,子から孫に受けつがれる形質はどのように決まるのかな?

❶ 親から子への遺伝子の伝わり方

メンデルの実験をもとに,遺伝子の伝わり方を模式図で確認してみましょう。

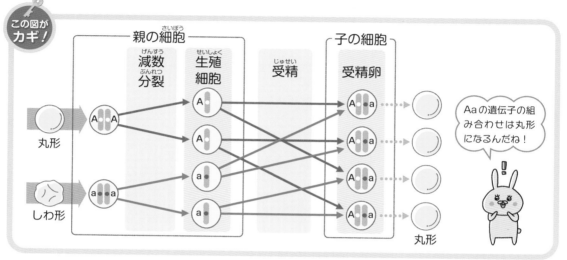

この図が
カギ!

減数分裂により,AAやaaのように対になっている遺伝子がべつべつの生殖細胞に入ることを**分離の法則**といいます。

❷ 子から孫への遺伝子の伝わり方

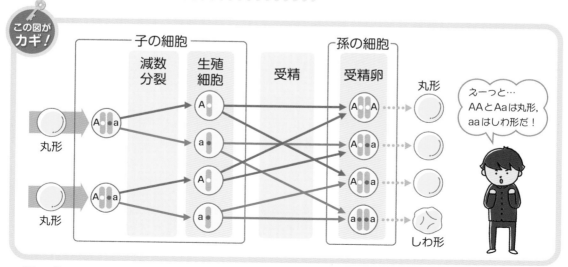

この図が
カギ!

孫の代では,丸形としわ形が3:1の割合で現れることがわかります。

解いて みよう！　解答 p.7

1 メンデルのエンドウの実験について，親から子への遺伝子の伝わり方を考えました。次の問いに答えましょう。

(1) 次の図の①〜③にあてはまるものを**ア**〜**オ**から選びましょう。

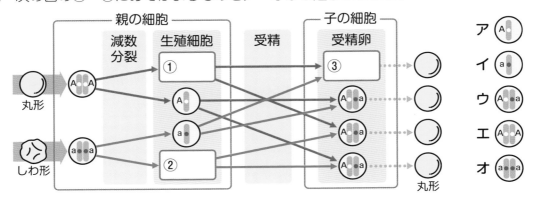

(2) 減数分裂により，AAやaaのように対になっている遺伝子がべつべつの生殖細胞に入ることを何といいますか。

2 メンデルのエンドウの実験について，子から孫への遺伝子の伝わり方を考えました。次の問いに答えましょう。

(1) 次の図の①〜③にあてはまるものを**ア**〜**オ**から選びましょう。

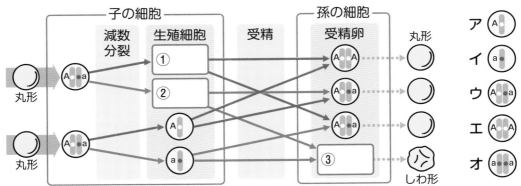

(2) 孫の代では，丸形としわ形がどのような割合で現れますか。

コレだけ！

□ 減数分裂により，対になっている遺伝子がべつべつの生殖細胞に入ることを**分離の法則**という。

DNA

遺伝子の本体を調べよう！

生物の形質を決めるもとになる遺伝子って，どんなものなんだろう？

1 遺伝子の本体

遺伝子は，細胞の核内にある染色体にふくまれています。
この遺伝子の本体は，DNA（デオキシリボ核酸）とよばれる物質であることがわかっています。

> **ここにも注目**
> 遺伝子やDNAが突然変化して子に伝えられ，形質が変わることがある。このような遺伝子の変化を突然変異という。

この図がカギ！

DNA

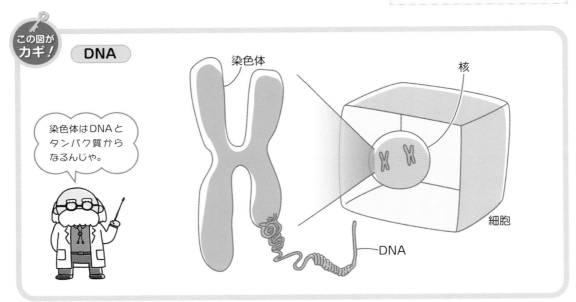

染色体はDNAとタンパク質からなるんじゃ。

染色体

核

細胞

DNA

2 遺伝子やDNAの応用

　ある生物の遺伝子を別の生物に人工的に組みこむことを**遺伝子組換え**といいます。

　この技術は，除草剤に強い植物をつくって，作物を育てる効率を上げることなどに利用されています。

　また，遺伝子を扱う技術を使って個体を判別するDNA型鑑定も行われています。

除草剤をまく。

雑草だけ枯れる。

月　日

解いてみよう！

解答 p.7

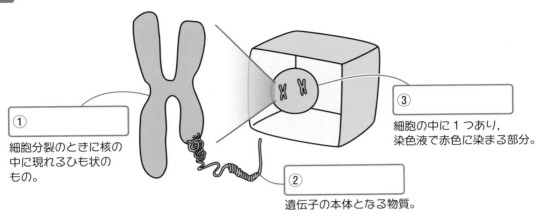

1 次の図の①〜③にあてはまる語句を入れましょう。

①
細胞分裂のときに核の中に現れるひも状のもの。

③
細胞の中に1つあり、染色液で赤色に染まる部分。

②
遺伝子の本体となる物質。

2 次の問いに答えましょう。

(1) 遺伝子は、細胞の核内のどこにふくまれていますか。

(2) 遺伝子の本体である物質は何といいますか。アルファベットで答えましょう。

(3) ある生物の遺伝子を別の生物に人工的に組みこむことを何といいますか。

3 次の文について、正しいものには〇、まちがっているものには×を書きましょう。

(1) 子に受けつがれる遺伝子は常に不変で、DNAが変化することはない。

(2) 遺伝子組換えの技術は、農業や医療などさまざまな場面で利用されている。

コレだけ！

□ 遺伝子の本体は**DNA**（デオキシリボ核酸）である。

□ ある遺伝子を別の生物に人工的に組みこむことを**遺伝子組換え**という。

2章
生命の連続性

⑬ ⑭ ⑮ ⑯ ⑰ ⑱ ⑲ ⑳ ㉑ ㉒ ㉓

51

生物の進化の歴史を調べよう！

生物は長い歴史の中で子孫を残すため，環境^{かんきょう}に合わせて少しずつがたを変えてきたんだね。ここではその歴史に注目してみよう！

❶ セキツイ動物の進化^{しんか}

生物が長い年月をかけて世代を重ねる間に変化していくことを**進化**といいます。

セキツイ動物の化石が発見された地層の年代を調べると，はじめに**魚類**が出現し，その後，**両生類**，**ハチュウ類**，**ホニュウ類**，**鳥類**の順で現れたことがわかっています。

また，セキツイ動物の５つのなかまの特徴^{とくちょう}を見ていくと，セキツイ動物は，水中で生活するものから陸上で生活するものへと進化してきたと考えられています。

この図が
カギ！

セキツイ動物の進化

鳥類

魚類　　両生類　　ハチュウ類　　ホニュウ類

	魚類	両生類	ハチュウ類	鳥類	ホニュウ類
呼吸のしかた	えら	（子）えら （親）肺・皮ふ	肺		
子の うまれかた	卵生^{らんせい} （殻がない）^{から}		卵生 （殻がある）		胎生^{たいせい}
からだの表面	うろこ	湿った皮ふ^{しめ}	うろこ	羽毛	毛

殻のない卵は乾燥^{かんそう}に弱いため，水中にうみ，殻のある卵は乾燥に強いため陸上にうむんじゃ。

羽毛や毛があると，まわりの温度が変化しても体温は変わりにくいんだよ。

解いて みよう！　　解答 p.7

1 次の表の①～④にあてはまる語句を入れましょう。

	魚類	両生類	ハチュウ類	鳥類	ホニュウ類
呼吸のしかた	①	(子)えら (親)肺・皮ふ	②		
子の うまれかた	③ (殻がない)		卵生 (殻がある)		④

2 次の問いに答えましょう。

(1) 生物が長い年月をかけて世代を重ねる間に変化していくことを何といいますか。

(2) セキツイ動物の魚類，両生類，ハチュウ類，鳥類，ホニュウ類のうち，最初に現れたなかまは何類ですか。

(3) ハチュウ類の卵には殻がありますか，ありませんか。

(4) ハチュウ類の卵が(3)のようになっていることで，どのような利点がありますか。次の**ア**，**イ**のうち，正しいものを選びましょう。

　ア 水の中でも卵の中に酸素をとりこむことができる。
　イ 陸上でも乾燥を防ぐことができる。

(5) セキツイ動物の生活する場所は，水中→陸上，陸上→水中のどちらに変化してきましたか。

コレだけ！

□ 生物が長い年月をかけて世代を重ねる間に変化していくことを**進化**という。

□ **セキツイ動物の生活場所は，水中→陸上**と変化してきた。

生物の進化の証拠を調べよう！

生物が環境に合わせて進化してきたことは，どのようなことからいえるんだろう？進化の証拠となるものを見ていこう！

❶ 進化

進化の証拠となるものには，化石や相同器官などがあります。

約１億5000万年前の地層から発見された始祖鳥の化石は，ハチュウ類と鳥類の両方の特徴をあわせもっていました。

このことから，鳥類はハチュウ類から進化してきたと考えられています。

また，コウモリのつばさ，クジラのひれ，ヒトのうでの骨格を比べてみると，基本的なつくりがよく似ています。

始祖鳥

鳥類の特徴
- つばさ
- 羽毛

ハチュウ類の特徴
- つばさの先につめ
- するどい歯
- 尾の骨

現在の形やはたらきはちがっても，もとは同じ器官であったと考えられるものを相同器官といいます。

相同器官は，共通の祖先から進化したことを示す証拠の１つだと考えられています。

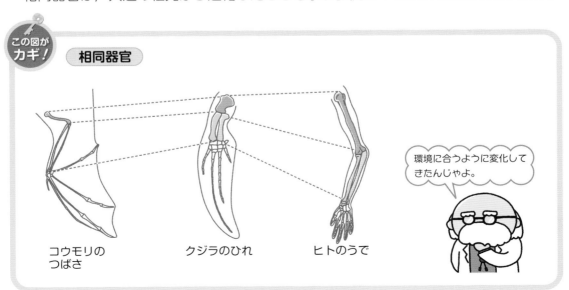

この図が**カギ！**

相同器官

コウモリの
つばさ

クジラのひれ

ヒトのうで

環境に合うように変化してきたんじゃよ。

解いて みよう！　　解答 p.7

1 下の図はセキツイ動物の相同器官を表したものです。コウモリのつばさのXの骨にあたる骨をぬりましょう。

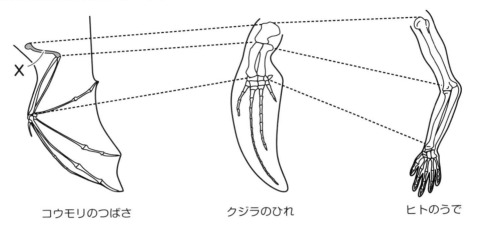

コウモリのつばさ　　　　クジラのひれ　　　　ヒトのうで

2 次の問いに答えましょう。

(1) 右の図は，化石をもとにして復元したある生物の想像図で，異なる種類の動物の特徴をもっています。この生物の名前を答えましょう。

(2) 右の図の生物は，セキツイ動物の何類と何類の特徴をもっていますか。次の**ア〜オ**から２つ選びましょう。

ア 魚類　　**イ** 両生類　　**ウ** ハチュウ類　　**エ** 鳥類　　**オ** ホニュウ類

(3) 現在の形やはたらきはちがっても，もとは同じ器官であったと考えられるものを何といいますか。

コレだけ！
- [ ] 生物が長い年月をかけて世代を重ねる間に変化していくことを進化という。
- [ ] 現在の形やはたらきはちがっても，もとは同じ器官であったと考えられる器官を相同器官という。

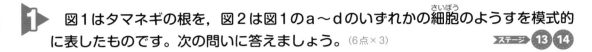
確認テスト

解答 p.8

/100点

1 図1はタマネギの根を，図2は図1のa～dのいずれかの細胞のようすを模式的に表したものです。次の問いに答えましょう。(6点×3) ▶ステージ 13 14

図1

a
b
c
d

図2 あ　い　う　え　お
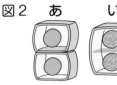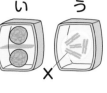
X

(1) 図2のような細胞のようすが見られるのは，図1のa～dのうちどこですか。記号で答えましょう。

(2) 図2のあ～おを細胞分裂が進む順に，おを最初として並べかえましょう。

お → 　　　 → 　　　 → 　　　 →

(3) 図2のうの細胞に見られる，Xを何といいますか。

2 生物のふえ方について，次の問いに答えましょう。(6点×9) ▶ステージ 15 16 17 18

(1) ゾウリムシのように，受精を行わずに体細胞分裂によってふえる生殖を何といいますか。

(2) 次のA～Fのうち，(1)によってふえる生物はどれですか。すべて選びましょう。

A　イチゴ　　　B　カブトムシ　　　C　ジャガイモ
D　クジラ　　　E　ヒキガエル　　　F　ミカヅキモ

(3) 図は，カエルの発生のようすを模式的に示したものです。Aを最初として正しい順番になるように並べかえましょう。

A 　　B 　　C 　　D 　　E

A → 　　　 → 　　　 → 　　　 →

(4) 動物の有性生殖での生殖細胞を2つ書きましょう。

A

B

C

(5) 右の図は，被子植物が受粉したときのようすを模式的に示したものです。A～Cをそれぞれ何といいますか。

A [　　　　　]　　B [　　　　　]　　C [　　　　　]

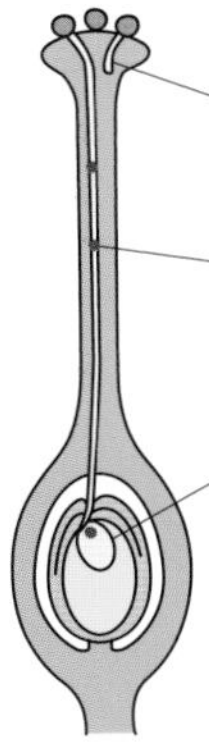

(6) 生殖細胞がつくられるときに行う特別な細胞分裂を何といいますか。

[　　　　　]

3 子葉の色が黄色の純系のエンドウと子葉の色が緑色の純系のエンドウを受粉させると，子では子葉の色がすべて黄色でした。次に，子のエンドウを栽培して自家受粉したところ，黄色の子葉をもつ種子と緑色の子葉をもつ種子が合わせて約6000個得られました。(6点×3)　　>ステージ 19 20

(1) 子葉の色について，黄色と緑色では顕性形質はどちらですか。

[　　　　　]

(2) 子葉の色を黄色にする遺伝子をA，子葉の色を緑色にする遺伝子をaと表すとき，子の細胞がもつ遺伝子の組み合わせを書きましょう。

[　　　　　]

(3) 得られた約6000個の孫の種子のうち，黄色の子葉をもつ種子は約何個ですか。

[　　　　　]

4 次の問いに答えましょう。(5点×2)　　>ステージ 22 23

(1) 生物が長い年月をかけて世代を重ねる間に変化していくことを何といいますか。

[　　　　　]

(2) 現在の形やはたらきはちがっても，もとは同じ器官であったと考えられる器官を何といいますか。

[　　　　　]

カモノハシの特徴

　カモノハシという生物は，体が毛でおおわれ，母乳で子を育てるホニュウ類のなかまである。しかし，卵をうむなど，ホニュウ類にはない特徴ももっている。

◆ ホニュウ類の特徴

体が毛でおおわれている。

母乳で子を育てる。

◆ ホニュウ類と
　異なる特徴

体温を一定に保つ機能が
あまり発達していない。

卵をうむ。

カモノハシは，進化の過程で生じたと考えられているんだって！

いつか水かきと翼が欲しいなあ！

よくばりじゃのう…。

次は
遊園地へ
行こう！

3章 運動とエネルギー

高い位置から高速で落下するジェットコースター，
実はエンジンはついていないものが多いんだって。
じゃあどうして落下のときにあれほどスピードが
出るんだろう？
遊園地へ行って，力のはたらきを調査してみよう！

力を合成してみよう！

1人ではものを動かせなくても，2人で力を合わせると動かせることがあるよね。このときの2つの力はどのように表せるんだろう？

❶ 力の合成

物体にはたらく2つの力と同じはたらきをする1つの力を求めることを**力の合成**といい，合成してできた力を**合力**といいます。

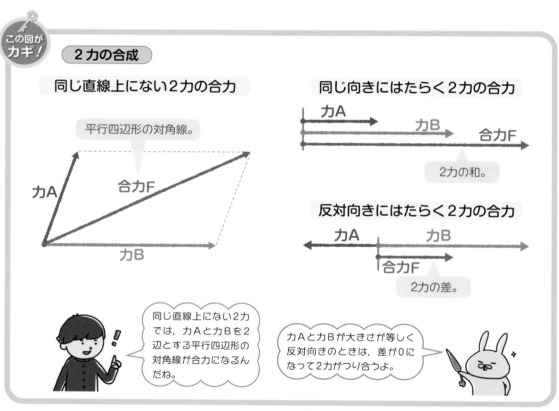

この図が
カギ！

2力の合成

同じ直線上にない2力の合力

平行四辺形の対角線。

力A　合力F　力B

同じ向きにはたらく2力の合力

力A　力B　合力F

2力の和。

反対向きにはたらく2力の合力

力A　力B　合力F

2力の差。

同じ直線上にない2力では，力Aと力Bを2辺とする平行四辺形の対角線が合力になるんだね。

力Aと力Bが大きさが等しく反対向きのときは，差が0になって2力がつり合うよ。

❷ 3力のつり合い

力A，B，Cがつり合っているとき，力Cは，力A，Bの合力Fとつり合っています。

よって，力Cと合力Fは同じ大きさで反対向きとなります。

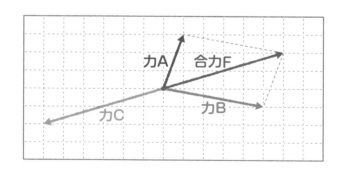

力A　合力F　力C　力B

1 次の問いに答えましょう。

(1) 物体にはたらく2つの力と同じはたらきをする1つの力を求めることを何といいますか。

(2) (1)で求めた力を何といいますか。

2 次の①～④の力A，力Bの合力を • から矢印で表しましょう。

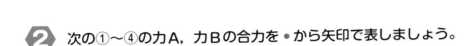

①
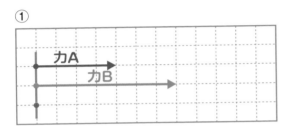

②
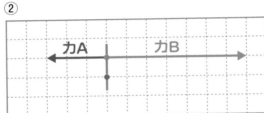

③
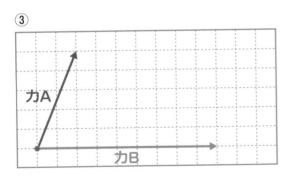

④
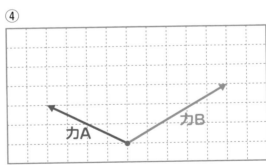

コレだけ!

□ **物体にはたらく2つの力は1つの力に合成することができる。**

□ **合成してできた力を合力という。**

3章

運動とエネルギー

力を分解してみよう！

買い物ぶくろなどの荷物を1人で持ったときと2人で持ったときでは，2人で持ったときのほうが楽だよね。これはどうしてだろう？

❶ 力の分解

物体にはたらく1つの力を2つの力に分けることを**力の分解**といい，分解してできた力を**分力**といいます。

下の図のように，力Fは，これを対角線とする平行四辺形の2辺の分力Aと分力Bに分けられます。

❷ 斜面上の物体にはたらく力

斜面上に物体があるとき，物体にはたらく重力Wは**斜面下向きの分力A**と斜面に垂直な**分力B**に分けることができます。

斜面の**傾き**が大きくなるほど**分力Aは大きくなり，分力Bは小さくなります。**

分力Bと斜面からはたらく**垂直抗力**はつり合うぞ。

この図が
カギ！

斜面上の物体にはたらく重力の分力

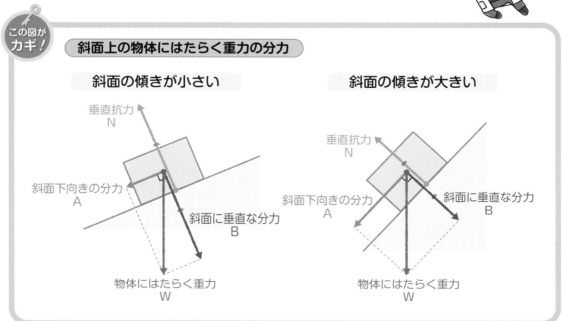

解いてみよう！

解答 p.8

1 次の問いに答えましょう。

(1) 物体にはたらく１つの力を２つの力に分けることを何といいますか。

（　　　　　　　　　　）

(2) (1)の力を何といいますか。

（　　　　　　　　　　）

2 図のように力Fを分力AとBに分けた
ときの分力Bを矢印で表しましょう。

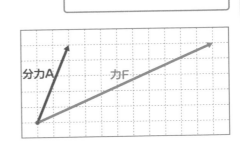

3 斜面に置いた物体にはたらく力について，次の問いに答えましょう。

(1) 図の物体にはたらく重力Wを，斜面下向きの分力
Aと斜面に垂直な分力Bに分け，矢印で表しましょう。

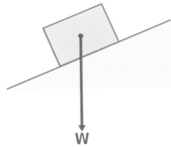

(2) 物体にはたらく垂直抗力は，重力W，分力A，分力Bのどの力とつり合いますか。

（　　　　　　　　　　）

(3) 斜面の傾きが大きくなると，物体にはたらく斜面下向きの力の大きさはどうなりますか。

（　　　　　　　　　　）

コレだけ！

- ☐ 物体にはたらく力は２つの力に**分解**することができる。
- ☐ 分解してできた力を**分力**という。
- ☐ 斜面上の物体にはたらく重力は，斜面下向きの力と斜面に垂直な力に分けられる。

月　日

3章　運動とエネルギー

水圧

水による圧力をおさえよう！

水に深くもぐると耳が痛くなることがあるね。これは耳の中の鼓膜が水におされるからなんだって。水の中ではたらく圧力を見ていこう！

① 水圧

穴を開けたペットボトルに水を入れると、穴の位置が低いところほど水が勢いよく飛び出します。

これは、水の重さによる圧力がはたらくからです。

水の重さによる圧力を水圧といいます。
水圧は、水の深さが深いほど大きくなります。

ゴム膜をはったパイプを水の中に入れて水圧を調べてみましょう。

ペットボトルに穴を開ける

深い所ほど、上にある水の量が多いからだよ！

下のほうほど勢いよく水が飛び出す。

この図がカギ！

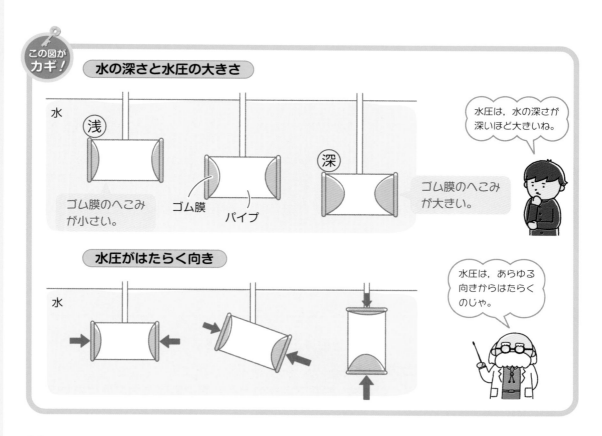

水の深さと水圧の大きさ

水

浅

ゴム膜のへこみが小さい。

ゴム膜　パイプ

深

ゴム膜のへこみが大きい。

水圧は、水の深さが深いほど大きいね。

水圧がはたらく向き

水

水圧は、あらゆる向きからはたらくのじゃ。

解いてみよう！　　解答 p.8

1 次の①，②にあてはまる語句を入れましょう。

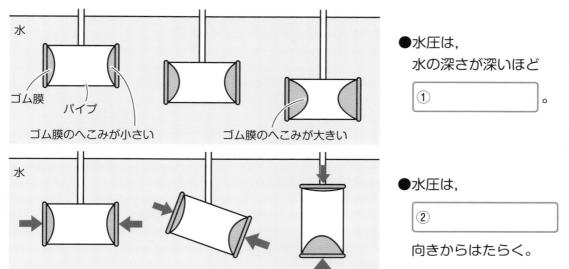

水

ゴム膜　パイプ

ゴム膜のへこみが小さい　　ゴム膜のへこみが大きい

水

●水圧は，
水の深さが深いほど

① ＿＿＿＿＿＿＿。

●水圧は，

② ＿＿＿＿＿＿＿

向きからはたらく。

3章

運動とエネルギー

2 右の図のような，a～cの穴のあいた円柱の容器があります。穴をテープでふさいでおき，この容器を水で満たしてテープをはがすと，3個の穴から水が飛び出しました。これについて，次の問いに答えましょう。

a○
b○
c○

(1) 穴から水が飛び出したのは，水の重さによる圧力がはたらいたからです。水の重さによる圧力を何といいますか。

＿＿＿＿＿＿＿＿＿＿

(2) もっとも勢いよく水が飛び出したのはどの穴ですか。a～cから選びましょう。

＿＿＿＿＿＿＿＿＿＿

(3) (1)について，正しいものを次のア～ウから選びましょう。

＿＿＿＿＿＿＿＿＿＿

　ア　水の深さが深いほど大きい。
　イ　水の深さが深いほど小さい。
　ウ　大きさは，水の深さとは関係がない。

コレだけ！

□ 水の重さによる圧力を**水圧**という。
□ 水圧は，水の深さが深いほど大きくなる。

ステージ 27　浮力

水の中ではたらく力を調べよう！

プールに入るとからだが水に浮くのを感じることができるよね。体重が軽くなったわけじゃないのに何で浮くのかな？

❶ 浮力 _{ふりょく}

水の中でからだが浮くのは，からだに上向きの力がはたらいているからです。

水中にある物体にはたらく上向きの力を**浮力**といいます。

この図が
カギ！

物体にはたらく水圧

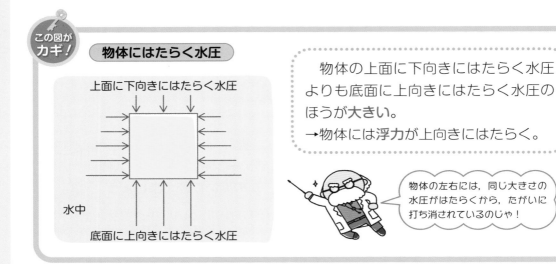

上面に下向きにはたらく水圧

水中

底面に上向きにはたらく水圧

物体の上面に下向きにはたらく水圧よりも底面に上向きにはたらく水圧のほうが**大きい**。
→物体には**浮力**が上向きにはたらく。

物体の左右には，同じ大きさの水圧がはたらくから，たがいに打ち消されているのじゃ！

❷ 浮力の大きさ

水中にある物体の体積が大きいほど，浮力は大きくなります。

また，物体がすべて水中にあるとき，浮力の大きさは，水の深さによって変わりません。

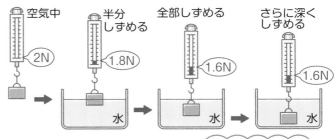

空気中　2N

半分しずめる　1.8N

全部しずめる　1.6N

さらに深くしずめる　1.6N

水

浮力は目盛りが小さくなった分の重さだね！

空気中での重さが２Nの物体を水に完全にしずめると，ばねばかりの値は1.6Nになりました。このときの浮力の大きさは， _{あたい}

　浮力〔N〕＝空気中での重さ〔N〕－水中での重さ〔N〕 _{ニュートン}

で求められるので，

　２N－1.6N＝0.4Nになります。

解いて みよう！　解答 p.9

右側：

1 次の①，②にあてはまる語句を入れましょう。

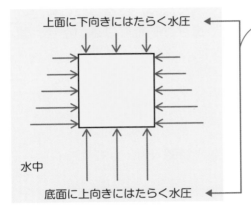

上面に下向きにはたらく水圧

水中

底面に上向きにはたらく水圧

物体の上面に下向きにはたらく水圧よりも
底面に上向きにはたらく水圧のほうが

① [　　　　　　　　]　。

物体には ② [　　　　　　　] が上向きにはたらく。

2 右の図のように，質量が400gのお
もりをばねばかりにつりさげて，おも
りを水の中にしずめたところ，ばねば
かりは3.2Nを示しました。これにつ
いて，次の問いに答えましょう。ただ
し，100gの物体にはたらく重力の大
きさを1Nとします。

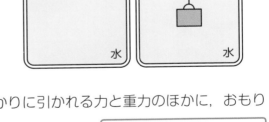

ばねばかり

おもり

水　　　　水

(1) おもりが空気中にあるとき，ばねば
かりは何Nを示しますか。

[　　　　　　　　　　]

(2) おもりを水の中にしずめたとき，ば
ねばかりが3.2Nを示したのは，ばねばかりに引かれる力と重力のほかに，おもり
に何という力がはたらいたからですか。

[　　　　　　　　]

(3) おもりにはたらいた(2)の大きさは何Nですか。

[　　　　　　　　]

 だけ！

□ **水中にある物体にはたらく上向きの力を浮力という。**

□ **浮力〔N〕＝空気中での重さ〔N〕－水中での重さ〔N〕**

運動の速さと向きを調べよう！

桜の花びらってゆっくり落ちたり速く落ちたり，ひらひらと舞ったりしてきれいだよね。物体が動く向きや速さが一定ではないとき，運動のようすはどのように表せるんだろう？

❶ 平均の速さと瞬間の速さ

速さは，単位時間に移動する距離で表されます。

速さの単位には，**メートル毎秒（m/s）**や**キロメートル毎時（km/h）**が使われます。

この式がカギ！

速さの求め方

$$速さ〔m/s〕 = \frac{移動距離〔m〕}{かかった時間〔s〕}$$

m/sのsはsecond（秒），km/hのhはhour（時）を表しているんじゃ。

自動車の速度計が示すような刻々と変化する速さを**瞬間の速さ**といいます。

一方，物体がある距離を一定の速さで動いたと仮定したときの速さを**平均の速さ**といいます。

瞬間の速さ
50km/h

100kmを2時間半で進んだ

平均の速さ40km/h

❷ 身のまわりの物体の運動

物体の運動にはさまざまな種類があります。

物体の運動のようすは，運動の**速さ**と**向き**で表されます。

速さと向きが変化しない運動	手からはなれた直後のカーリングのストーン
向きだけが変化する運動	メリーゴーラウンド
速さだけが変化する運動	真下に落下するボール
速さも向きも変化する運動	振り子，自動車

解いて みよう！　解答 p.9

1 次の問いに答えましょう。

(1) 単位時間に移動する距離のことを何といいますか。

(2) 自動車や新幹線の速度計が示す刻々と変化する速さを何といいますか。

(3) 物体がある距離を一定の速さで動いたと仮定したときの速さを何といいますか。

(4) 自動車で180kmの道のりを3時間かけて進みました。このときの平均の速さを求めましょう。

2 次の①〜④の運動のようすについて，あてはまるものをあとのア〜エから選びましょう。

① ジェットコースター

② 斜面を転がるボール

③ なめらかな床をすべるドライアイス

④ 観覧車

ア　速さと向きが変化しない運動　　イ　向きだけが変化する運動
ウ　速さだけが変化する運動　　エ　速さも向きも変化する運動

コレだけ！

□ 速さ〔m/s〕＝移動距離〔m〕÷かかった時間〔s〕

□ 速度計が示すような刻々と変化する速さを瞬間の速さといい，ある距離を一定の速さで動いたと仮定したときの速さを平均の速さという。

3章 運動とエネルギー

力と運動①

斜面を下る台車の運動を調べよう!

坂道でボールを転がすと, ボールが転がる速さはどんどん速くなるよね。このとき, ボールにはどのように力がはたらいているんだろう?

◆ 斜面を下る台車の運動を調べる実験 ◆

(実験方法)

①記録タイマーで台車が斜面を下るようすを記録する。

②記録テープを0.1秒ごとに切って並べ, 速さの変化を調べる。

③斜面の傾きを変えて①, ②の操作をくり返す。

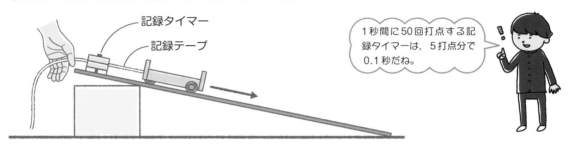

1秒間に50回打点する記録タイマーは, 5打点分で0.1秒だね。

(実験結果)

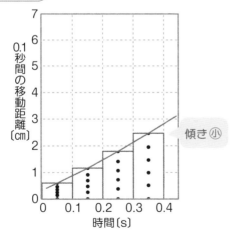

傾き⦿

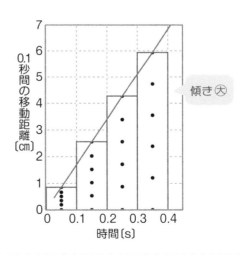

傾き⦿

まとめ

・時間とともに速さがしだいに大きくなる。

➡ **運動の向きに一定の力がはたらき続けると, 速さは一定の割合で増加する。**

・斜面の傾きを大きくすると, 速さのふえ方が**大きくなる。**

➡ **物体にはたらく力が大きいほど, 速さのふえ方は大きくなる。**

解いてみよう！　　解答 p.9

1 　右の図のように，記録タイマーを使って斜面を下る台車の運動のようすを調べました。斜面の傾きを変えて実験し，得られた記録テープを0.1秒ごとに切って並べると，下図A，Bのような結果になりました。あとの問いに答えましょう。

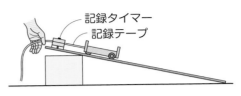
記録タイマー
記録テープ

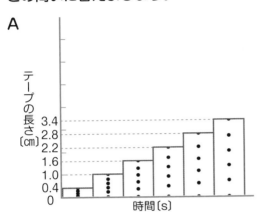
A
テープの長さ〔cm〕
3.4
2.8
2.2
1.6
1.0
0.4
0
時間〔s〕

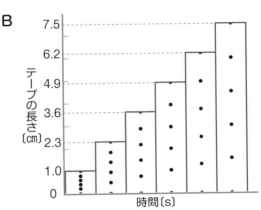
B
テープの長さ〔cm〕
7.5
6.2
4.9
3.6
2.3
1.0
0
時間〔s〕

(1) 　1秒間に50回打点する記録タイマーの場合，記録テープを0.1秒ごとに切るには，何打点ずつ切ればよいですか。

(2) 　Bの左から3つ目のテープの平均の速さを求めましょう。

(3) 　斜面の傾きが大きいのは，A，Bのどちらですか。

(4) 　斜面の傾きを大きくすると，台車にはたらく斜面下向きの力は小さくなりますか，大きくなりますか。

コレだけ！
- □ 斜面の傾きを大きくするほど，台車にはたらく斜面下向きの力は大きくなる。
- □ 斜面の傾きを大きくするほど，台車の速さの増加する割合は大きくなる。

物体に力がはたらかないときの運動を調べよう!

電車が停車するとき,電車内で立っている人は進行方向に傾くよね。
これっていったいどうしてなんだろう。

❶ 等速直線運動

水平でなめらかな面の上で,記録テープをつけた台車をおし出したところ,一定の速さで運動しました。

摩擦力がなく,力がつり合っているのと同じ状態のとき,物体は一定の速さで一直線上を進みます。

これを**等速直線運動**といいます。

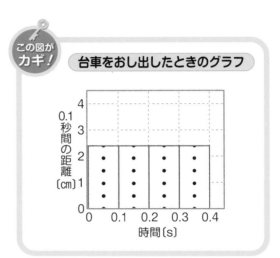
この図がカギ!
台車をおし出したときのグラフ

❷ 慣性

外から力を加えない限り,静止している物体は静止し続け,運動している物体は等速直線運動を続けます。

これを**慣性の法則**といい,また,物体がもっているこの性質を**慣性**といいます。

例えば,止まっている電車が発車するとき,乗客は静止を続けようとして進行方向とは反対側に傾きます。

一方,停車するときは,乗客は進行方向に運動を続けようとするため,進行方向に傾きます。

発車するとき　　　　　　　　　　**停車するとき**

解答 p.9

1 右の図のように，水平でなめらか
な床の上で台車をおしたあとの運動
のようすについて，次の問いに答え
ましょう。

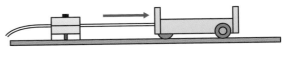

(1) 台車には，運動の方向に力がはたらいていますか，はたらいていませんか。

(2) このとき，台車の動く速さは速くなりますか，おそくなりますか，一定ですか。

(3) 台車の速さと時間の関係を表したグラフとしてあてはまるものを，次の**ア〜ウ**か
ら選びましょう。

 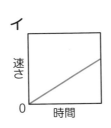 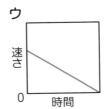

(4) この台車の運動を何といいますか。

2 物体は，外から力を加えない限り，運動の状態を保とうとします。この法則を何
といいますか。

コレだけ！

□ 一定の速さで一直線上を動く運動を**等速直線運動**という。

□ **静止している物体は静止し続け，運動している物体は運動を続ける。これを慣
性の法則という。**

31

作用・反作用

およぼし合う力を調べよう！

ロケットが発射されるとき，ガスが地面に向かって出るよね。この
ガスは一体どんな作用をおよぼして機体を浮かせているんだろう。

1 作用と反作用

台車に乗ったAさんが台車に乗った
Bさんをおすと，AさんもBさんもそ
れぞれ後ろに動きます。

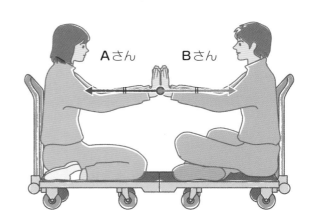

Aさん　Bさん

このとき，AさんがBさんに加えた
力と同じ大きさで，AさんもBさんか
ら力を受けます。

このように，異なる物体の間で対に
なってはたらく一方の力を**作用**といい，
もう一方の力を**反作用**といいます。

この図が
カギ！

作用・反作用の法則

- 2力の大きさが等しい。
- 2力は一直線上にある。
- 2力の向きは反対である。

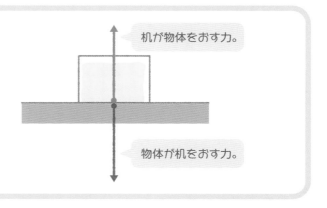

机が物体をおす力。

物体が机をおす力。

ここにも注目

作用・反作用はそれぞれ別
の物体にはたらく2力である
のに対し，つり合う2力は右
の図のように1つの物体には
たらく2力である。

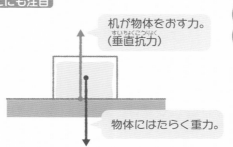

机が物体をおす力。
（垂直抗力）

物体にはたらく重力。

「作用・反作用」と「つり
合う2力」のどこがちが
うかおさえよう！

解いてみよう！

解答 p.10

1 次の図は，作用・反作用の関係について表したものです。①～③にあてはまる語句を入れましょう。

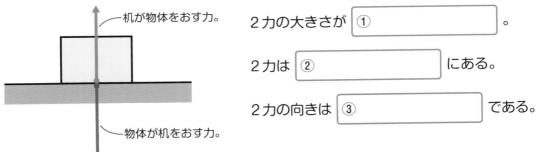

机が物体をおす力。
物体が机をおす力。

2力の大きさが ① 　　　　　　　。

2力は ② 　　　　　　　にある。

2力の向きは ③ 　　　　　　　である。

2 次のア～エの2力について，あとの問いに答えましょう。

ア　ひもにつるされた物体にはたらく重力と，ひもが物体を引っぱる力

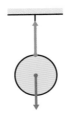

イ　ひもにつるされた物体がひもを引っぱる力と，ひもが物体を引っぱる力

ウ　足で地面をける力と，地面が足をおし返す力

エ　粗(あら)い床の上にある物体を指でおす力と，床と物体の間に生じる摩擦力(ま さつりょく)

(1) 作用・反作用の関係にあるものはどれですか。すべて答えましょう。

(2) つり合う2力の関係にあるものはどれですか。すべて答えましょう。

コレだけ！

☐ **ある物体がほかの物体に力を加えたとき，それぞれの物体の間で対になってはたらく力を作用・反作用という**

仕事の求め方をおさえよう!

重いものを高いところに持ち上げるのってすごく疲れるよね。重さ
と距離には何か関係があるのかな。

❶ 仕事

力を加えてその向きに物体を動かしたとき,
「力が物体に対して**仕事をした**」といいます。

仕事の単位には**ジュール(J)** を用います。

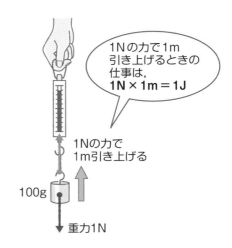

1Nの力で1m
引き上げるときの
仕事は,
1N×1m=1J

1Nの力で
1m引き上げる

100g

重力1N

**この式が
カギ!**
仕事〔J〕= 力の大きさ〔N〕
× 力の向きに移動した距離〔m〕

ここにも注目
　物体に力を加えても動かなかったり,物体にはたら
く力と物体の移動の向きが垂直だったりする場合は,
仕事は0となる。

仕事の単位のJは,電力量
や熱量を表すエネルギーの
単位と同じじゃよ。

❷ 仕事の原理

　ものを持ち上げるとき,動滑
車を1つ使うと力は直接手で持
ち上げるときの$\frac{1}{2}$倍になります
が,ひもを引く距離は2倍にな
ります。

　滑車やてこなどの小さい力で
楽に動かせる道具を使っても使
わなくても,仕事の大きさは同
じです。

　これを**仕事の原理**といいます。

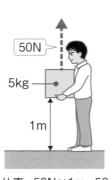

50N

5kg

1m

仕事=50N×1m=50J

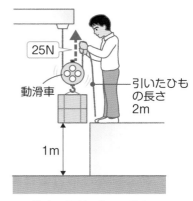

25N

動滑車

引いたひも
の長さ
2m

1m

仕事=25N×2m=50J

解いて みよう！

解答 p.10

1 次の式の①，②にあてはまる語句を入れましょう。

●仕事〔J〕= ① 　　　　　　　〔N〕

　　　　　　　　　×力の向きに移動した ② 　　〔m〕

2 次の問いに答えましょう。

(1) 仕事の単位は何ですか。単位の記号を答えましょう。

(2) ある仕事をするとき，道具を使っても使わなくても，仕事の大きさは同じです。これを何といいますか。

3 右の図のように，定滑車と動滑車を使って10kgの物体を2m持ち上げました。次の問いに答えましょう。ただし，100gの物体にはたらく重力の大きさを1Nとします。

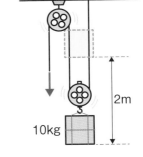

2m

10kg

(1) 物体にはたらく重力の大きさを求めましょう。

(2) 動滑車を使って物体を2m持ち上げるのに必要な力の大きさを求めましょう。

(3) 引いたひもの長さを求めましょう。

(4) このときの仕事の大きさを求めましょう。

コレだけ！

- [ ] 仕事〔J〕＝力の大きさ〔N〕×力の向きに移動した距離〔m〕
- [ ] 道具を使っても使わなくても，仕事の大きさは変わらない。これを仕事の原理という。

3章

運動とエネルギー

仕事の能率をおさえよう！

荷物を持ち上げるとき，滑車(かっしゃ)などの道具を使うと短い時間で仕事ができるね。仕事の能率はどのように比べられるのかな？

1 仕事率(しごとりつ)

10kgの荷物を2m持ち上げるのに，Aさんは10秒，Bさんは20秒かかりました。このように，同じ仕事でも，かかる時間がちがうと**仕事の能率**に差がでます。

仕事の能率は，1秒あたりの仕事の大きさ（**仕事率**）で比べることができます。

仕事率の単位には**ワット（W）**を用います。

仕事率が大きいほど，同じ時間に大きな仕事ができ，仕事の能率がよいといえます。

ワット（W）は電力の単位と同じじゃな。

この式がカギ！

仕事率を求める式

$$仕事率〔W〕 = \frac{仕事〔J〕}{時間〔s〕}$$

（仕事 ÷ 仕事率×時間 ÷）

求めるものを指でかくすと式がわかるよ。

例題

10kgの荷物を2m持ち上げるのに10秒かかりました。
このときの仕事の大きさと仕事率を求めましょう。
ただし，100gの物体にはたらく重力の大きさを1Nとします。

〔解き方〕
10kg=10000gより，必要な力の大きさは100N。
よって，仕事の大きさは100N × 2m=**200J**…答

$仕事率〔W〕 = \dfrac{仕事〔J〕}{時間〔s〕}$ より，$\dfrac{200J}{10s}$ =**20W**…答

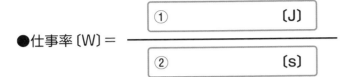 解答 p.10

1 次の式の①，②にあてはまる語句を入れましょう。

●仕事率〔W〕= 　①　　　　　〔J〕 / 　②　　　　　〔s〕

2 仕事の能率は1秒あたりの仕事の大きさで比べることができます。これを何といいますか。

3 AさんとBさんが5kgの荷物を2m持ち上げました。次の問いに答えましょう。ただし，100gの物体にはたらく重力の大きさを1Nとします。

(1) このときの仕事の大きさを求めましょう。

(2) Aさんは，この仕事をするのに10秒かかりました。このときの仕事率を求めましょう。

(3) Bさんは，この仕事をするのに5秒かかりました。このときの仕事率を求めましょう。

(4) AさんとBさんの仕事では，仕事の能率がよいのはどちらですか。

コレだけ！

□ 1秒あたりの仕事の大きさを仕事率という。

□ 仕事率が大きいほど，同じ時間に大きな仕事ができる。

物体がもつエネルギーをおさえよう！

ボウリングで, ボールがピンに当たってもあまりたおれないことがあるよ。
どうしたらもっとたくさんたおすことができるんだろう？

❶ 運動エネルギーと位置エネルギー

ある物体がほかの物体に仕事をする能力を**エネルギー**といいます。

また, 物体が仕事のできる状態にあることを「**その物体はエネルギーをもっている**」
といいます。

ボウリングのボールを転がしてピンに衝突させるとピンがたおれるように, 運動して
いる物体はエネルギーをもっています。
運動している物体がもつエネルギーを**運動エネルギー**といいます。
運動エネルギーは, 物体の**速さが大きい (速い)** ほど, また, 物体の**質量が大きい**ほ
ど**大きく**なります。
高いところにある物体がもつエネルギーを**位置エネルギー**といいます。
位置エネルギーは, 物体の**位置が高い**ほど, また物体の**質量が大きい**ほど大きくなり
ます。

❷ 力学的エネルギーの保存

運動エネルギーと位置エネルギーの和を**力学的エネルギー**といい, 常に一定に保たれ
ます。
これを**力学的エネルギーの保存** (力学的エネルギー保存の法則) といいます。

この図が
カギ！

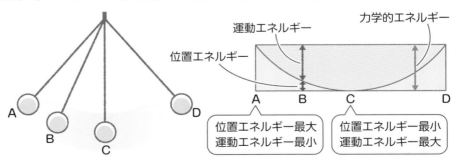

力学的エネルギーの保存

力学的エネルギー (一定) ＝ 運動エネルギー ＋ 位置エネルギー

運動エネルギー　　力学的エネルギー
位置エネルギー

A　B　C　D

A
B
C
D

位置エネルギー最大
運動エネルギー最小

位置エネルギー最小
運動エネルギー最大

解いてみよう！　解答 p.10

1 次の問いに答えましょう。

(1) 運動している物体がもつエネルギーを何といいますか。

(2) 高いところにある物体がもつエネルギーを何といいますか。

(3) (1)と(2)を合わせて何といいますか。

(4) (3)が一定に保たれることを何といいますか。

2 次の図の①～④に最大，最小のいずれかを入れましょう。

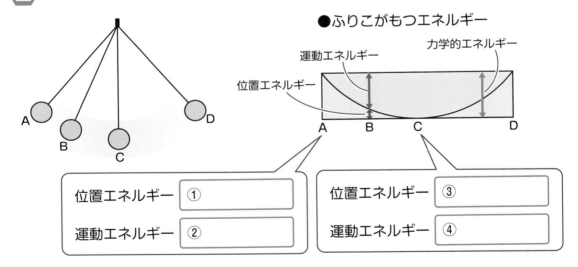

●ふりこがもつエネルギー

運動エネルギー

力学的エネルギー

位置エネルギー

| 位置エネルギー | ① |
| 運動エネルギー | ② |

| 位置エネルギー | ③ |
| 運動エネルギー | ④ |

コレだけ！

□ **力学的エネルギー ＝ 運動エネルギー ＋ 位置エネルギー**

□ **力学的エネルギーが一定に保たれることを，力学的エネルギーの保存という。**

運動とエネルギー

3章

さまざまなエネルギーを調べよう！

位置エネルギーが運動エネルギーに変わるように，電気エネルギーは，ほかのどんなエネルギーになるんだろう？

① エネルギーの移り変わり

エネルギーは，さまざまなエネルギーに移り変わることができます。

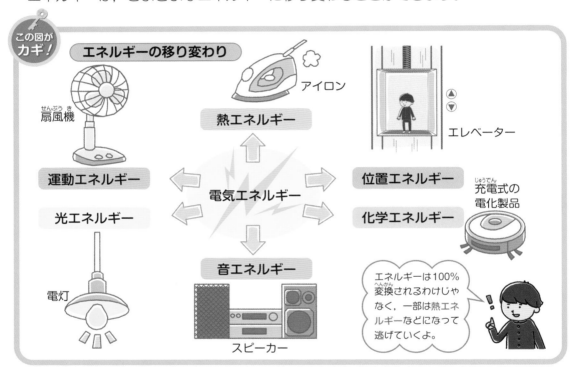

この図がカギ！

エネルギーの移り変わり

扇風機（せんぷうき）／運動エネルギー
アイロン／熱エネルギー
エレベーター／位置エネルギー
充電式の電化製品（じゅうでん）／化学エネルギー
電灯／光エネルギー
スピーカー／音エネルギー

電気エネルギー

エネルギーは100％変換（へんかん）されるわけじゃなく，一部は熱エネルギーなどになって逃げていくよ。

エネルギーの移り変わりの前後で，エネルギーの全体の量は変わりません。
これを，**エネルギーの保存**（ほぞん）（エネルギー保存の法則）といいます。

② 熱の伝わり方

物体の高温の部分から低温の部分に直接熱が伝わることを**伝導**（でんどう），あたためられた空気や水が移動することで熱が伝わる現象を**対流**（たいりゅう），はなれたところにある物体に熱が伝わる現象を**放射**（ほうしゃ）といいます。

伝導
対流
放射

解いてみよう！　解答 p.11

1 次の図の①〜⑥にあてはまる語句を入れましょう。

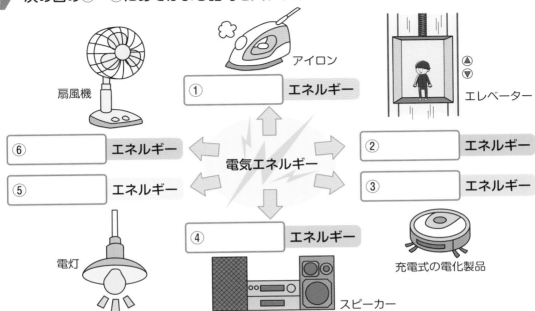

扇風機

アイロン

① ［　　　］エネルギー

エレベーター

⑥ ［　　　］エネルギー　←　電気エネルギー　→　② ［　　　］エネルギー

⑤ ［　　　］エネルギー　　③ ［　　　］エネルギー

④ ［　　　］エネルギー

電灯

スピーカー

充電式の電化製品

2 次の問いに答えましょう。

(1) エネルギーの移り変わりの前後で，エネルギーの総量が変わらないことを何といいますか。

[　　　　　　　　　　　　　]

(2) 物体の高温の部分から低温の部分に直接熱が伝わることを何といいますか。

[　　　　　　　　　　　　　]

(3) あたためられた空気や水が移動することで熱が伝わる現象を何といいますか。

[　　　　　　　　　　　　　]

(4) はなれたところにある物体に熱が伝わる現象を何といいますか。

[　　　　　　　　　　　　　]

コレだけ！

□ **エネルギーの移り変わりの前後では，エネルギーの総量が変わらない。**これを
エネルギーの保存という。

□ **熱の伝わり方には，伝導，対流，放射がある。**

確認テスト

解答 p.11

/100点

1 次の問いに答えましょう。(8点×2)　ステージ **24** **25**

(1) 図1の2つの力A，Bの合力Fを作図しましょう。

(2) 図2のFについて，A，Bの向きに分ける2力を作図しましょう。

図1

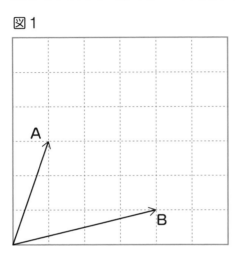

図2

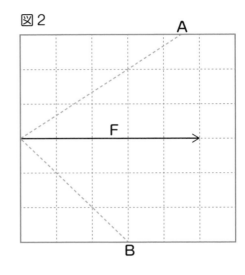

2 1分間に50回打点する記録タイマーを用いて，図1のような斜面を下る台車の運動を調べ，図2のように記録テープを0.1秒ごとに切って並べました。次の問いに答えましょう。(8点×3)　ステージ **28** **29**

図1

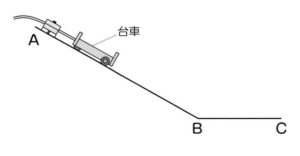

図2

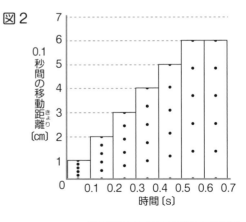

(1) 0〜0.5秒における平均の速さは何cm/sですか。

(2) 台車がBC間を動くときの運動を何といいますか。

(3) 台車がBC間を動くときの平均の速さは何cm/sですか。

3 質量5kgの物体を3mの高さまで持ち上げるのに，右の図のように斜面や定滑車，動滑車を使いました。次の問いに答えましょう。ただし，100gの物体にはたらく重力の大きさを1Nとし，滑車やひもの質量，摩擦は考えないものとします。(9点×4)

ステージ 32 33

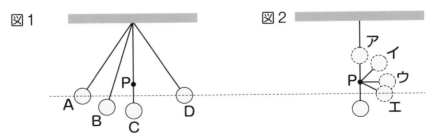

図1
6m
3m

図2

(1) 図1で，物体を斜面にそって6m引き上げたときの仕事の大きさを求めましょう。

(2) 図1の仕事をするのに20秒かかりました。このときの仕事率を求めましょう。

(3) 図2で，ひもを引く力の大きさを求めましょう。

(4) 図2で，物体を3mの高さまで持ち上げたときの仕事の大きさを求めましょう。

4 次の図は，ふりこを点Aで静かにはなしたときの，ふりこの動きを模式的に示したものです。あとの問いに答えましょう。(8点×3)

ステージ 34

図1

P
A
B
C
D

図2

ア
イ
P
ウ
エ

(1) 位置エネルギーが最大となるのは，図1の点A～Dのうちどれですか。すべて選び記号で答えましょう。

(2) 運動エネルギーが最大となるのは，図1の点A～Dのうちどれですか。記号で答えましょう。

(3) 図1の点Pにくぎを打ち，ふりこを点Aで静かにはなしたところ，ふりこのひもは点Pにひっかかりました。このとき，ふりこは図2の点ア～エのうちのどこまで上がりますか。記号で答えましょう。

エネルギーの変換効率

エネルギーの移り変わりでは，もとのエネルギーからすべてが目的のエネルギーには変換されず，次のように一部はほかのエネルギーに変換される。

◆ 水力発電

音エネルギーに変換。

◆ 扇風機（せんぷうき）

熱エネルギーに変換。

音エネルギーに変換。

◆ テレビ

熱エネルギーに変換。

白熱電球よりもLED電球のほうが熱の発生が少ないんだって！

◆ 白熱電球とLED電球

熱エネルギーに変換。

熱エネルギーに変換。

白熱電球

LED電球

パソコンもすぐに熱をもってしまうんじゃ。

ハカセが働きすぎなんじゃない？

次は
展望台へ
行こう！

地球と宇宙

朝になると太陽がのぼって明るくなり，
夜になると太陽がしずんで暗くなるね。
　当たり前のように思っているけれど，これって
いったいどうして？
　それに，星も季節によって見える星座が
変わっていくよね。
　理由がわかると，もっと天体が好きになるかも！
山の展望台へ行って，調査してみよう！

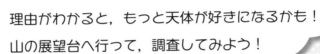

星の1日の動きを調べよう！

夜空を見上げると，たくさんのきれいな星が見えるね。星の1日の動きにはどのような特徴があるんだろう？

① 星の1日の動き

夜空に見える星などの天体を，見かけ上の球形の天井に表したものを**天球**といいます。

天球上での観測者の真上の点を**天頂**といいます。

星は，地球の**自転**によって，1日に1回，天球上を**東から西**に移動しているように見えます。

> 地球は西から東に1回転，自転しているんじゃ。

この図がカギ！

地球の自転と星の1日の動き

> 北の空の星は，北極星を中心に反時計回りに回って見える。

天頂
天球
地球の自転の向き
北極星
地軸
西
北極
南
北
南極
地平線
東
赤道

> 東の空の星は右ななめ上に，西の空の星は右ななめ下に移動して見える。

このように，地球の自転によって生じる星の見かけの動きを，星の**日周運動**といいます。

> 地球は1時間に15°の割合で自転しているよ。

解いて みよう！

解答 p.11

1 次の図の①〜④にあてはまる語句を入れましょう。

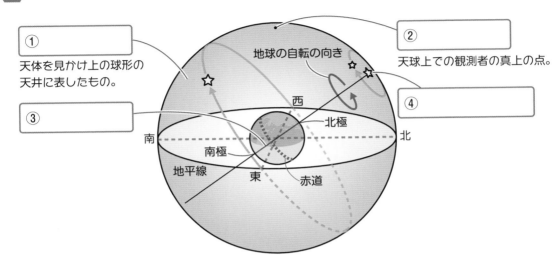

①

天体を見かけ上の球形の
天井に表したもの。

②

天球上での観測者の真上の点。

③

④

地球の自転の向き

西

北極

南

北

南極

地平線

東

赤道

2 次の問いに答えましょう。

(1) 夜空に見える星などの天体を，見かけ上の球形の天井に表したものを何といいますか。

(2) 星が1日に1回，地球のまわりを回るように見えるのは，地球の何という動きによるものですか。

(3) (2)によって，星は天球上をどの方位からどの方位に移動しているように見えますか。

(4) (2)によって，地球は1時間では約何度回転しますか。

(5) 地球の自転によって生じる星の見かけの動きを何といいますか。

コレだけ！

□ 地球の自転により，1日に1回地球のまわりを回る星の見かけの運動を星の日周運動という。

□ 星の日周運動は，東から西に動くように見える。

太陽の1日の動きを調べよう!

太陽は，朝に東からのぼって夕方に西にしずむよね。この動きには
どんな特徴(とくちょう)があるんだろう?

❶ 太陽の1日の動き

太陽の1時間ごとの動きを透明半球(とうめいはんきゅう)を用いて調べると，太陽は一定の速さで動いていくことがわかります。

太陽の動きを観察すると，夜空に見える星の1日の動きと同じように，**東から西**に動いているように見えます。

このように，地球の自転によって生じる太陽の見かけの動きを，太陽の**日周運動**(にっしゅうんどう)といいます。

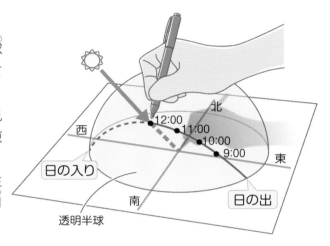

太陽は東の空からのぼり，昼ごろに南の空でもっとも高くなります。
これを**南中**(なんちゅう)といい，南中するときの高度を**南中高度**(なんちゅうこうど)といいます。

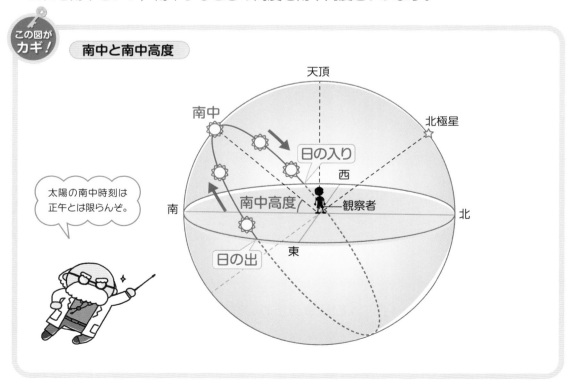

この図がカギ!

南中と南中高度

太陽の南中時刻は
正午とは限らんぞ。

1 次の図の①〜④にあてはまる語句を入れましょう。

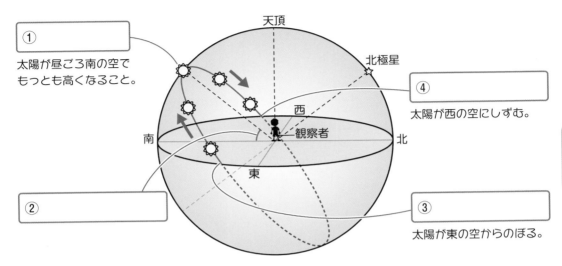

①

太陽が昼ごろ南の空で
もっとも高くなること。

天頂

北極星

④

太陽が西の空にしずむ。

西

南　　　　　観察者　　　　　北

②

東

③

太陽が東の空からのぼる。

2 次の問いに答えましょう。

(1) 太陽はどの方位からのぼりますか。

(2) 太陽の高度がもっとも高くなるのはどの方位ですか。

(3) 太陽が昼ごろに(2)の空でもっとも高くなることを何といいますか。

(4) (3)のときの高度を何といいますか。

(5) 地球の自転によって生じる太陽の見かけの動きを何といいますか。

コレだけ！

□ 地球の自転により，夜空に見える星と同じように１日に１回地球のまわりを回
る太陽の見かけの運動を太陽の日周運動という。

4章
地球と宇宙

星の1年の動きを調べよう！

夏はさそり座，冬はオリオン座など，季節によって夜空に見える星座が変わるのはなぜだろう？

① 星の1年の動き

地球の**公転**により，季節によって地球から見える星の見え方が変わります。
例えば，オリオン座を1か月ごとの同じ時刻に観察すると，**東から西へ約30°**ずつ動いていくように見えます。

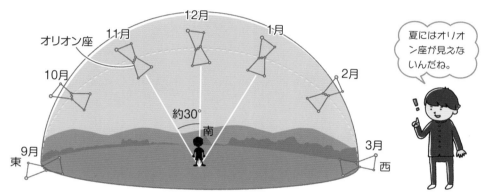

夏にはオリオン座が見えないんだね。

これは，地球が1年で360°公転，つまり，1日で約1°，1か月で約30°移動することによって起こります。

この図がカギ！

地球の公転と星座の見かけの動き

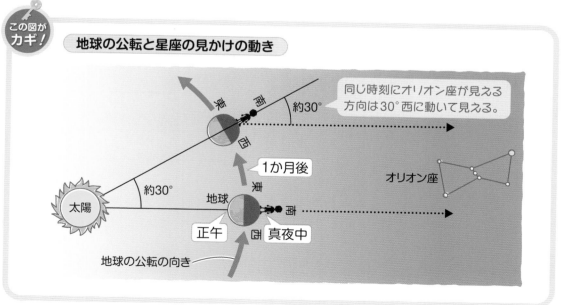

同じ時刻にオリオン座が見える方向は30°西に動いて見える。

1か月後

オリオン座

太陽

約30°

地球

正午　真夜中

地球の公転の向き

このように，地球の公転によって生じる星の見かけの動きを星の**年周運動**といいます。

解いてみよう！

解答 p.12

1 次の図の①〜⑤にあてはまる語句を入れましょう。

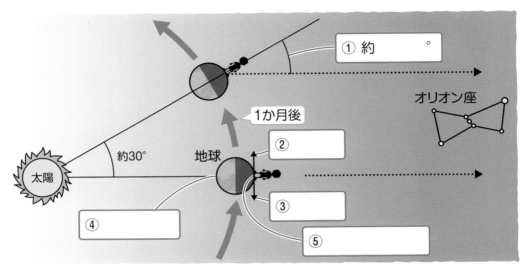

① 約　　　　°

1か月後

オリオン座

約30°

地球

太陽

②

③

④

⑤

2 右の図は，南の空に見えるオリオン座の1か月ごとの動きを表したものです。次の問いに答えましょう。

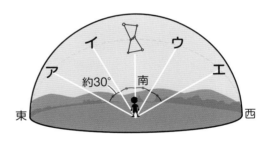

ア　イ　ウ　エ

約30°　南

東　　　　　西

(1) 図の位置から1か月後の同じ時刻に見えるオリオン座の位置を**ア〜エ**から選びましょう。

(2) (1)のように，同じ時刻に見える星の位置が移動して見えるのは，地球の何という動きによるものですか。

(3) 地球の(2)の動きによる星の1年間の見かけの動きを何といいますか。

コレだけ！

□ 地球の公転による，1年の星の見かけの運動を星の年周運動という。

□ 星の年周運動は1か月で東から西へ約30°動くように見える。

太陽の1年の動きを調べよう！

 真夜中に見える星座の移り変わりと，地球から見た太陽の動きは，どのように関係しているんだろう？

❶ 太陽の1年の動き

地球から見て太陽の方向にある星座は，地球の公転によって順番に変わっていきます。
つまり，太陽は天球上で星座の間を**西から東**に移動していくように見えるのです。
この天球上の太陽の通り道を**黄道**といいます。

太陽のこの動きは，1年経つと同じ場所に戻ってくる**年周運動**のひとつです。

この図がカギ！

地球の公転と星座

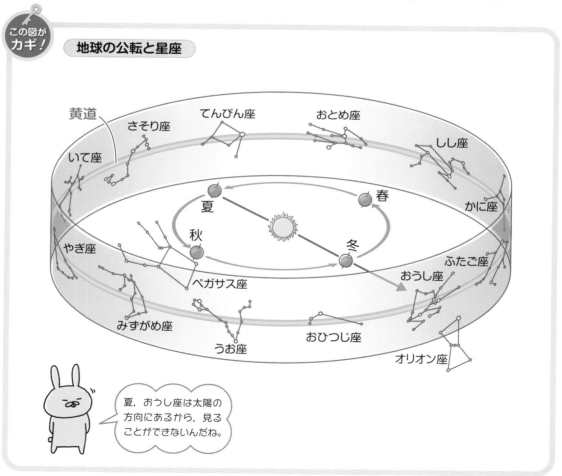

夏，おうし座は太陽の方向にあるから，見ることができないんだね。

黄道付近にある12の星座を，**黄道12星座**といいます。

解いてみよう！

解答 p.12

1 次の図について，あとの問いに答えましょう。

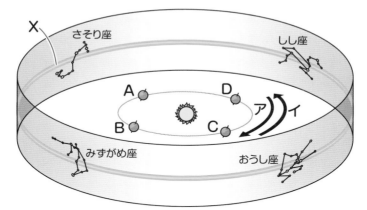

(1) 天球上の太陽の通り道である**X**を何といいますか。

(2) (1)の通り道付近にある12の星座を何といいますか。

(3) 太陽は天球上で星座の間をどの方位からどの方位に移動するように見えますか。

(4) **A**〜**D**のうち，みずがめ座を見ることができない地球の位置はどれですか。

(5) **A**〜**D**のうち，さそり座が真夜中に南中する地球の位置はどれですか。

(6) 地球の公転の向きは**ア**，**イ**のうちどちらですか。

コレだけ！

- [ ] 天球上の太陽の通り道を**黄道**という。
- [ ] 太陽は，黄道12星座の間を**西から東**に移動していくように見える。

四季がある理由をおさえよう！

日本では，夏に暑く，冬に寒くなるよね。このように，季節が変わるのはどうしてだろう？

❶ 太陽の南中高度

日本では1年のうち，夏至(げし)の日 (6月下旬(げじゅん)) に太陽の南中高度がもっとも高くなり，昼の長さはもっとも長くなります。

また，冬至の日 (12月下旬) に太陽の南中高度がもっとも低くなり，昼の長さはもっとも短くなります。

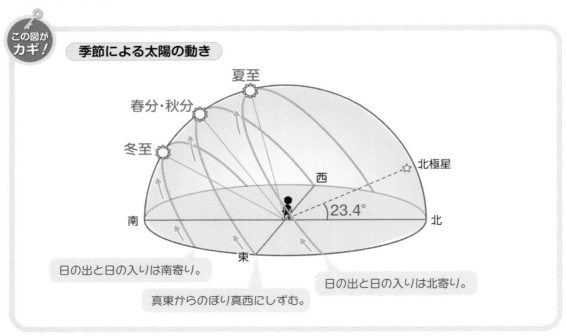

この図がカギ！

季節による太陽の動き

夏至
春分・秋分
冬至
北極星
西
南
北
23.4°
東
日の出と日の入りは南寄り。
日の出と日の入りは北寄り。
真東からのぼり真西にしずむ。

❷ 地軸(ちじく)の傾(かたむ)きと太陽の南中高度

季節の変化が生じるのは，地球が公転面に垂直な方向に対して約23.4°地軸を傾けて太陽のまわりを公転しているためです。

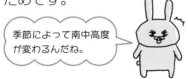
季節によって南中高度が変わるんだね。

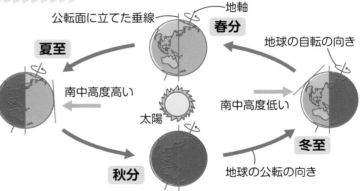

公転面に立てた垂線
地軸
春分
夏至
地球の自転の向き
南中高度高い
太陽
南中高度低い
冬至
秋分
地球の公転の向き

解いて みよう！　　解答 p.12

1 次の図の①～③には，春分・秋分，夏至，冬至のいずれかを，④～⑧にはあてはまる語句や角度を入れましょう。

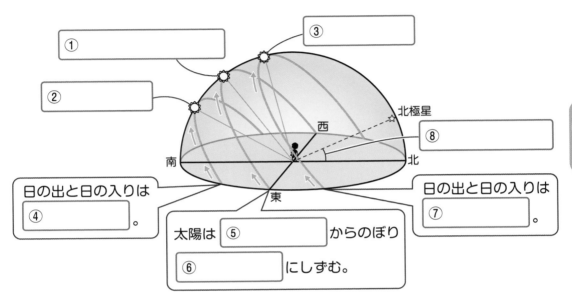

①
②
③
北極星
⑧
西
南
北
東

日の出と日の入りは
④　　　　　　。

太陽は　⑤　　　　　からのぼり
⑥　　　　　　にしずむ。

日の出と日の入りは
⑦　　　　　　。

2 次の問いに答えましょう。

(1) 日本で春分，夏至，秋分，冬至のうち，太陽の南中高度がもっとも高くなるのはいつですか。

(2) (1)のころ，昼の長さはもっとも長くなりますか，短くなりますか。

(3) 日本で春分，夏至，秋分，冬至のうち，太陽の南中高度がもっとも低くなるのはいつですか。

(4) (3)のころ，昼の長さはもっとも長くなりますか，短くなりますか。

コレだけ！

☐ 夏至の日に，太陽の南中高度はもっとも高く，昼の長さはもっとも長くなる。

☐ 冬至の日に，太陽の南中高度はもっとも低く，昼の長さはもっとも短くなる。

ステージ 41　太陽の特徴
太陽の表面のようすを調べよう!

太陽は, 地球を明るく照らしたり, あたためたりしてくれるね。太陽はどのような特徴をもつ天体なんだろう?

① 太陽のようす

太陽は, 自ら光を出す**恒星**です。

太陽の表面を天体望遠鏡で観察すると, **黒点**とよばれる黒い斑点が表面に見られます。

また, 太陽のまわりは, **コロナ**とよばれる高温のガスの層におおわれ, **プロミネンス**とよばれる炎のようなガスの動きが見られることもあります。

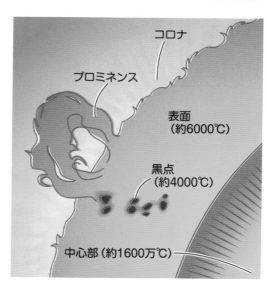

コロナ

プロミネンス

表面
(約6000℃)

黒点
(約4000℃)

中心部 (約1600万℃)

② 黒点の観察

天体望遠鏡で黒点を観察したようすを見てみましょう。

この図が
カギ!

黒点の移動のようす

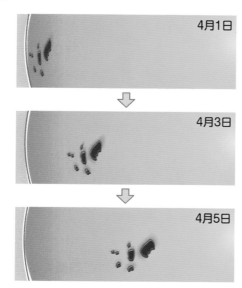

4月1日

4月3日

4月5日

- 黒点の位置は少しずつ移動する。
  →太陽は**自転**している。

- 黒点の形は太陽の周辺部でだ円形に, 中央部で円形に見える。
  →太陽は**球形**である。

黒点は約4000℃と, まわりに比べて温度が低いんじゃ。

解いて みよう！

解答 p.12

1 天体望遠鏡で，2日おきに太陽の表面のようすを観察しました。次の問いに答えましょう。

(1) 次の図は太陽の表面のようすを観察し，記録したものです。ア～ウを観察した順番に並べましょう。ただし，図の向きは肉眼で見た向きを表しているものとします。

ア　　　　イ　　　　ウ　

□ → □ → □

(2) 黒点が太陽の表面でしだいに位置を変えていくことから，太陽についてどのようなことがわかりますか。

(3) 太陽表面の周辺部ではだ円形であった黒点が，中央部では円形になることから，太陽についてどのようなことがわかりますか。

2 次の問いに答えましょう。

(1) 太陽のように自ら光を出す星を何といいますか。

(2) 太陽表面の炎のようなガスの動きを何といいますか。

(3) 太陽を取り巻く高温のガスの層を何といいますか。

(4) 太陽を天体望遠鏡で観察すると観察できる黒い斑点を何といいますか。

コレだけ！

□ 太陽は**恒星**で，表面には**黒点**が見られる。

□ 黒点の動きと形の変化から，太陽は**球形**で**自転**していることがわかる。

4章
地球と宇宙

太陽系の惑星

太陽系の惑星を調べよう！

太陽のまわりを回る天体は，地球のほかにもいろいろあるね。それぞれ，どんな特徴があるんだろう？

❶ 太陽系の惑星の種類と特徴

太陽とそのまわりを公転する天体をまとめて**太陽系**といいます。

惑星は，自ら光を出さないよ。

太陽系には，太陽からの距離が近いほうから，**水星，金星，地球，火星，木星，土星，天王星，海王星**の8つの惑星があります。

惑星は，小型でおもに岩石からなる**地球型惑星**と，大型でおもにガスからなる**木星型惑星**に分けられます。

この図が**カギ！**

太陽系の惑星の特徴			
水星	金星	地球	火星
太陽系でもっとも小さな惑星。	地球のすぐ内側を公転する惑星。	私たちが住む惑星。表面に海がある。	地球のすぐ外側を公転する惑星。
木星	土星	天王星	海王星
太陽系でもっとも大きな惑星。	巨大な環をもつ惑星。	自転軸を大きく傾けて公転している惑星。	太陽からもっとも遠くにある惑星。

地球型惑星

木星型惑星

解いて みよう！ 　　解答 p.13

1 次の表の①～⑧にあてはまる惑星の名前を入れましょう。

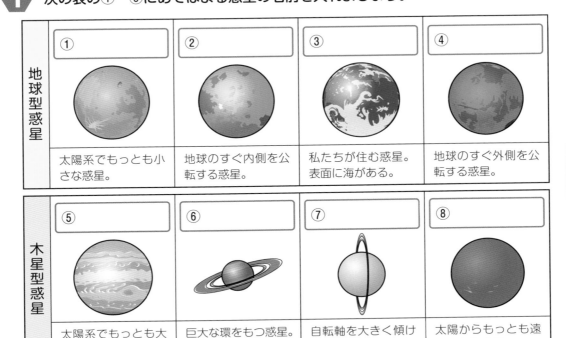

地球型惑星	①	②	③	④
	太陽系でもっとも小さな惑星。	地球のすぐ内側を公転する惑星。	私たちが住む惑星。表面に海がある。	地球のすぐ外側を公転する惑星。

木星型惑星	⑤	⑥	⑦	⑧
	太陽系でもっとも大きな惑星。	巨大な環をもつ惑星。	自転軸を大きく傾けて公転している惑星。	太陽からもっとも遠くにある惑星。

2 次の問いに答えましょう。

(1) 太陽とそのまわりを公転する天体をまとめて何といいますか。

(2) (1)にはいくつの惑星がありますか。

(3) (1)の惑星のうち，小型でおもに岩石からなる惑星を何といいますか。

(4) (1)の惑星のうち，大型でおもにガスからなる惑星を何といいますか。

コレだけ！
- □ 太陽系には8つの惑星がある。
- □ 太陽系の惑星は，地球型惑星と木星型惑星に分けられる。

4章　地球と宇宙

太陽系の天体と銀河系

いろいろな天体を調べよう!

太陽系には惑星(わくせい)以外にどんな天体があるのかな?

❶ 太陽系の惑星以外の天体

太陽のまわりを公転する天体には,8つの惑星のほかにも多くの天体が存在します。

小惑星(しょうわくせい)	火星と木星の間に多数見られる小さな天体。**いん石**となるものもある。
すい星(せい)	**氷やちり**が集まってできた天体。太陽のそばを通るときに尾(お)を引くことがある。
太陽系外縁天体(たいようけいがいえんてんたい)	海王星より外側を公転する天体。大きなものに**めい王星**がある。

おもな小惑星には,**イトカワ**や**リュウグウ**があるよ。

また,惑星のまわりを公転する天体を**衛星**(えいせい)といいます。

月は,地球の衛星です。

❷ 銀河系(ぎんがけい)

恒星(こうせい)が数億～数千億個集まった天体を**銀河**(ぎんが)といいます。このうち,太陽系をふくむ銀河を**銀河系**といいます。

天体間の距離(きょり)は,光が1年間に進む距離を1光年とした**光年**という単位で表します。

この図がカギ!

銀河系のようす

銀河系の恒星の集まりが川のように見えることから,**天の川**(あま)とよばれるのじゃ。

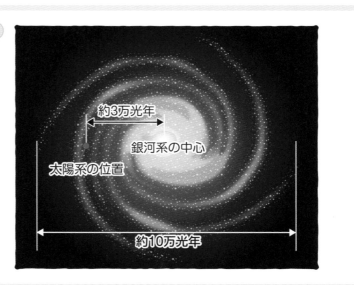

約3万光年

銀河系の中心

太陽系の位置

約10万光年

解いてみよう！ 解答 p.13

1 次の図の①，②にあてはまる語句を入れましょう。

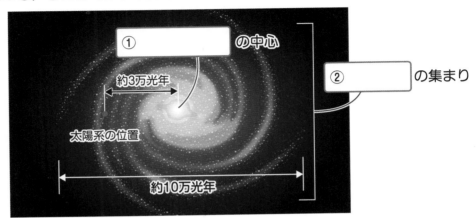

① ┃ の中心

約3万光年

太陽系の位置

② ┃ の集まり

約10万光年

2 次の問いに答えましょう。

(1) 太陽系に存在する天体のうち，火星と木星の間に多数見られるものを何といいますか。

(2) 太陽系に存在する天体のうち，氷やちりが集まってできており，太陽のそばを通るときに尾を引くことがあるものを何といいますか。

(3) 太陽系で惑星以外に存在する天体のうち，海王星より外側を公転するものを何といいますか。

(4) 惑星のまわりを公転する天体を何といいますか。

(5) 地球の(4)は何ですか。

(6) 銀河のうち，太陽系をふくむものを何といいますか。

コレだけ！

☐ **太陽系には太陽と惑星のほかに，小惑星，すい星，太陽系外縁天体がある。**

☐ **太陽系は銀河系とよばれる銀河にふくまれる。**

月の満ち欠け

月の動きと見え方を調べよう！

満月や三日月など，日によって月の見え方が変わるのはなぜだろう？

1 月の動きと見え方

月を2日おきの同じ時刻に観察すると，西から東へ移動しながら形を変えていくように見えます。

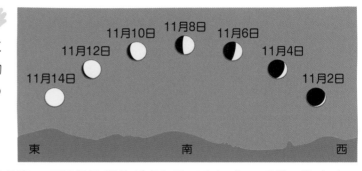

11月14日　11月12日　11月10日　11月8日　11月6日　11月4日　11月2日

東　　　　　　　　南　　　　　　　　西

このような月の満ち欠けは，月が地球のまわりを公転し，月の光って見える部分が変わることによって起こります。

月が太陽と同じ方向にあるときを新月といい，地球からは月のすがたは見えません。その後，月が動くことによって，光って見える部分がふえていき，太陽と反対側にきたときに，満月となります。

この図が
カギ！

月の動きと満ち欠けのようす

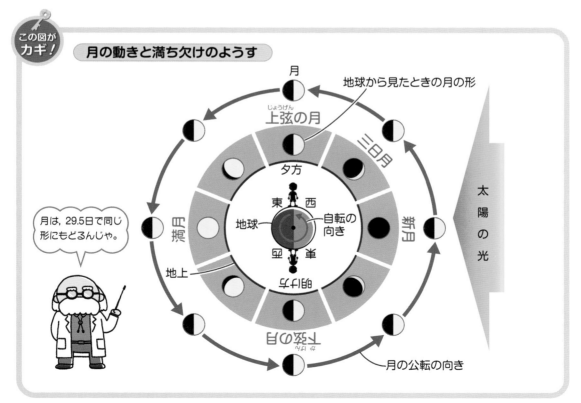

月は，29.5日で同じ形にもどるんじゃ。

地球から見たときの月の形

上弦の月

三日月

夕方

東　西
地球　自転の向き
南　北

新月

太陽の光

地上

明け方

月の公転の向き

下弦の月

解いて みよう！

1 次の図の①〜⑤にあてはまる語句を入れましょう。

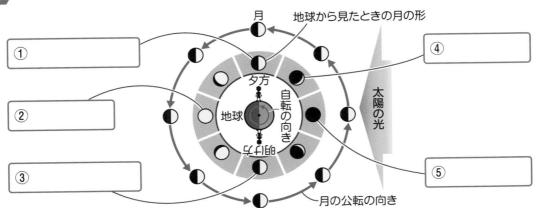

① ② ③ ④ ⑤

月　地球から見たときの月の形

夕方　自転の向き　地球　明け方　太陽の光

月の公転の向き

2 次の図は，北極星側から見た地球と月の位置を示したものです。あとの問いに答えましょう。

a　地球　太陽の光　月の公転の向き　b　月

(1) 図の位置に月があるとき，月は日本からどのように見えますか。次のア〜エから選びましょう。

ア　イ　ウ　エ

(2) 月の公転の向きはa，bのどちらですか。

コレだけ！

□ **月の満ち欠け**は，月が地球のまわりを公転し，月の光って見える部分が変わることで生じる。

□ **月の見え方**は，新月→三日月→上弦の月→満月→下弦の月→新月と変わっていく。

45 日食と月食についておさえよう！

日食と月食

日食を見ることができるのは，とてもめずらしいことなんだって。
どんなしくみで起こるのかな？

1 日食

地球から見て，太陽が月にかくされる現象を**日食**といいます。
太陽全体がかくされることを**皆既日食**，一部がかくされることを**部分日食**といいます。
日食は，**太陽・月・地球**がこの順に一直線に並んだときに起こります。

この図が
カギ！

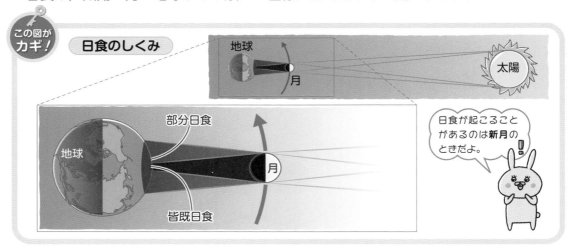

日食が起こること
があるのは**新月**の
ときだよ。

2 月食

月が地球のかげに入る現象を**月食**といいます。
月全体がかくされることを**皆既月食**，一部がかくされることを**部分月食**といいます。
月食は，**太陽・地球・月**がこの順に一直線に並んだときに起こります。

この図が
カギ！

月食が起こること
があるのは**満月**の
ときじゃ。

解いて みよう！　　解答 p.13

1 次の図の①〜③にあてはまる語句を入れましょう。

太陽の一部が月にかくされること。

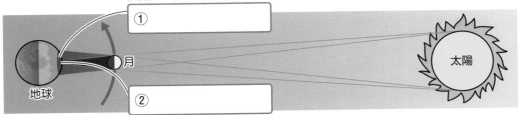

① [   ]

② [   ]

太陽全体が月にかくされること。

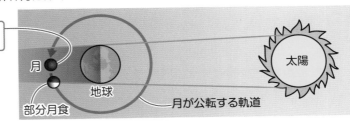

③ [   ]

月全体が地球のかげに入り
かくされること。

部分月食

月が公転する軌道

2 次の問いに答えましょう。

(1) 太陽が月にかくされる現象を何といいますか。　[   ]

(2) (1)が起こる場合の月は，新月と満月のどちらのときですか。

[   ]

(3) (1)が起こるときの太陽，地球，月の並ぶ順はどうなっていますか。

[   ]

(4) 月が地球のかげに入る現象を何といいますか。　[   ]

(5) (4)が起こる場合の月は，新月と満月のどちらのときですか。

[   ]

(6) (4)が起こるときの太陽，地球，月の並ぶ順はどうなっていますか。

[   ]

コレだけ！

- □ 日食が起こるのは，太陽・月・地球の順で一直線に並ぶ，新月のとき。
- □ 月食が起こるのは，太陽・地球・月の順で一直線に並ぶ，満月のとき。

金星の満ち欠け

金星の動きと見え方を調べよう!

金星は，地球のすぐ内側を回っている惑星だったね。どんなときに見られるんだろう？

❶ 内惑星と外惑星

太陽系の惑星のうち，水星と金星は地球より内側を公転するため，内惑星といいます。火星，木星，土星，天王星，海王星は地球より外側を公転するため，外惑星といいます。

❷ 金星の見え方

金星は，地球よりも内側を公転しているため，真夜中には見られません。
夕方の西の空か明け方の東の空だけで見られ，夕方に見える金星をよいの明星，明け方に見える金星を明けの明星といいます。

金星は，月と同じように満ち欠けします。
地球からの距離が近いほど大きく見えて欠け方が大きく，地球からの距離が遠いほど小さく見えて欠け方が小さくなります。

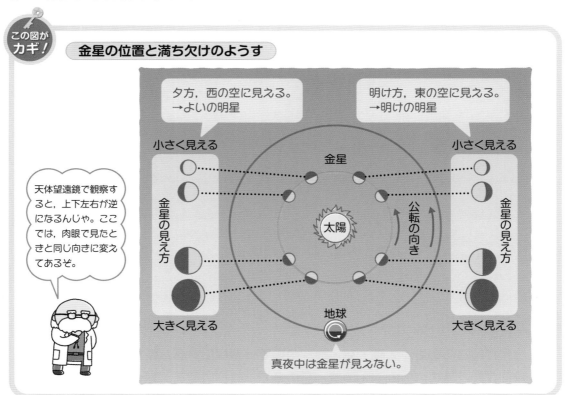

この図がカギ！

金星の位置と満ち欠けのようす

夕方，西の空に見える。
→よいの明星

明け方，東の空に見える。
→明けの明星

小さく見える

小さく見える

金星

金星の見え方

金星の見え方

天体望遠鏡で観察すると，上下左右が逆になるんじゃ。ここでは，肉眼で見たときと同じ向きに変えてあるぞ。

太陽

公転の向き

大きく見える

大きく見える

地球

真夜中は金星が見えない。

解いてみよう！

解答 p.14

❶ 次の図の①〜④にあてはまる語句を入れましょう。

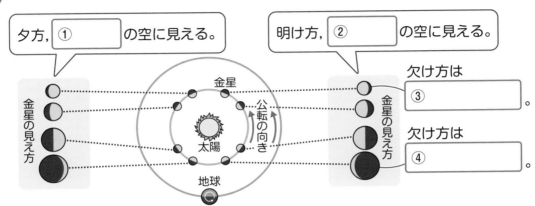

夕方，① ┃ の空に見える。

明け方，② ┃ の空に見える。

欠け方は
③
。

欠け方は
④
。

❷ 次の問いに答えましょう。

(1) 太陽系で，地球より内側を公転する惑星を何といいますか。

(2) 太陽系で，地球より外側を公転する惑星を何といいますか。

❸ 右の図は，地球と金星の位置を示したものです。
次の問いに答えましょう。

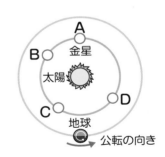

(1) **B**の位置に金星があるとき，金星はどのように
見えますか。次の**ア**〜**ウ**から選びましょう。

ア　　　イ　　　ウ

(2) 真夜中には，金星は見えますか，見えませんか。

コレだけ！

☐ 地球より内側を公転する惑星を内惑星，外側を公転する惑星を外惑星という。

☐ 金星は夕方の西の空か明け方の東の空だけに見られ，満ち欠けする。

確認テスト

解答 p.14

/100点

1 右の図は，日本のある地点での夏至，冬至，春分の日の太陽の１日の動きを記録したものです。次の問いに答えましょう。

（6点×２）

▶ステージ 37 40

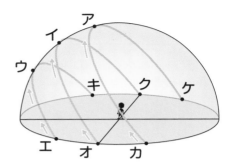

(1) 夏至の日における太陽の南中位置は**ア**〜**ケ**のどれですか。

(2) 冬至の日における太陽の日の出の位置は**ア**〜**ケ**のどれですか。

2 図１は日本のある地点における，東，西，南，北のいずれかの空を撮影して星の動きを記録したものです。また，図２は日本のある地点における12月15日の０時での星Ｐの位置を示しています。あとの問いに答えましょう。(7点×6) ▶ステージ 36 38

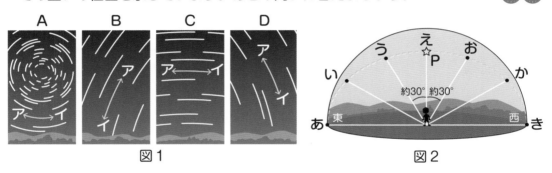

図１

図２

(1) 図１で北の空のようすを表しているのは**A**〜**D**のどれですか。また，星は**ア**，**イ**のどちらに動きますか。

北の空　　　　　　　　　星の動き

(2) 図１で西の空のようすを表しているのは**A**〜**D**のどれですか。また，星は**ア**，**イ**のどちらに動きますか。

西の空　　　　　　　　　星の動き

(3) 図２で，同じ日の２時に星Ｐが見られるのはどの位置ですか。**あ**〜**き**から選びましょう。

(4) 図２で，２か月後の０時に星Ｐが見られるのはどの位置ですか。**あ**〜**き**から選びましょう。

3 右の図は地球の北極側から見たときの月の位置を模式的に示したものです。次の問いに答えましょう。(7点×4)

▶ステージ **44 45**

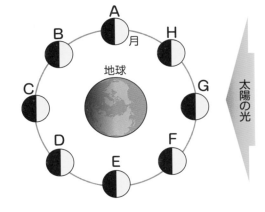

(1) 下弦の月が見えるときの月はA〜Hのどの位置にありますか。 ☐

(2) 三日月から1週間後に見える月はA〜Hのどの位置にありますか。 ☐

(3) 日食のときの月と月食のときの月はそれぞれA〜Hのどの位置にありますか。

日食 ☐ 月食 ☐

4 図1は地球の北極側から見たときの金星の位置，図2は地球から見える金星の形を模式的に示したものです。あとの問いに答えましょう。(6点×3) ▶ステージ **42 46**

図1

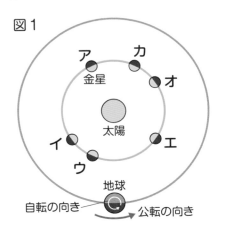

図2

(1) 金星のように，自ら光を出さず，恒星のまわりを公転している天体を何といいますか。 ☐

(2) 図1で，明け方に東の空に見える金星をア〜カからすべて選びましょう。 ☐

(3) 図2のように見える金星はア〜カのどの位置にありますか。 ☐

4章 地球と宇宙

季節による気温の変化が起こる理由

理人の プラス **1** ページ

日本では南中高度や昼間の長さが1年を通じて変わるため，季節によって気温の変化が生じる。

南中高度が高いほど，太陽から多くのエネルギーを受け，気温が高くなる。
南中高度は季節によって変わる。

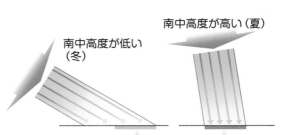

南中高度が低い（冬）

南中高度が高い（夏）

夏のほうが，同じ面積あたりに受ける光の量が多い。

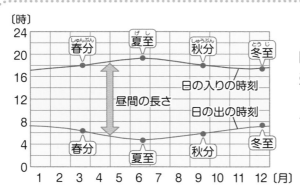

昼間の時間が長いほど太陽から多くのエネルギーを受け，気温が高くなる。
昼間の長さは季節によって変わる。

南中高度や昼間の長さが変わるのは地軸が傾いているからなんだよ。

北半球と南半球では，季節は反対になるぞ。

南半球の国に行ってみたいな～。

次は風力発電所へ行こう！

5章 科学技術・自然と人間

スマートフォン，人工知能（AI），ロボット，…。
新しい技術が開発されて，どんどん便利な
世の中になっていっているよね。
　たしかに生活が豊かにはなるけれど，自然環境は
大丈夫なのかな。
　環境を守りながら新しいものをつくっていくには
どうしたらいいんだろう？
　風力発電所へ行って，調査してみよう！

さまざまな発電方法

さまざまな発電方法をおさえよう！

わたしたちの生活にかかせない電気はどうやってつくられているんだろう？

① エネルギーの移り変わり

電気エネルギーは，**火力発電，水力発電，原子力発電**などによって，さまざまなエネルギーから変換されて供給されています。

ここが
カギ！

おもな発電方法と電気エネルギーの変換

●火力発電 　化学エネルギー ⟶ 熱エネルギー ⟶ 電気エネルギー

●水力発電 　位置エネルギー ——————————⟶ 電気エネルギー

●原子力発電 核エネルギー ⟶ 熱エネルギー ⟶ 電気エネルギー

火力発電では，石油，石炭，天然ガスなどの**化石燃料**とよばれる資源が使われます。

また，原子力発電では，ウランなどの**核燃料**が利用されています。

これらのエネルギー資源には，限りがあります。

化石燃料などの資源に代わり，**太陽光や風力**など，いつまでも利用できる**再生可能エネルギー**を使った発電もふえてきています。

化石燃料の燃焼によって発生した二酸化炭素が，地球温暖化の一因になるといわれているよ。

② 原子力発電と放射線

原子力発電では，ウランなどの核燃料から得られるエネルギーを利用し，このとき，大量の**放射線**が発生します。

放射線には，物体を通り抜ける性質や原子をイオンにする性質があります。

また，放射線は，医療や農業などさまざまな分野で利用されている一方で，放射線を多量に受けると人体に健康被害がでる恐れもあるため，厳しい管理が必要となります。

放射線が人体に与える影響は，**シーベルト(Sv)** という単位で表されます。

 解答 p.14

1 次の①～③にあてはまる語句を入れましょう。

● 火力発電　①[　　　　]エネルギー　→　熱エネルギー　→　電気エネルギー

● 水力発電　②[　　　　]エネルギー　———————→　電気エネルギー

● 原子力発電　③[　　　　]エネルギー　→　熱エネルギー　→　電気エネルギー

2 次の問いに答えましょう。

(1) 火力発電で使われる，石油，石炭，天然ガスなどの燃料を何といいますか。

[　　　　　　　　　　　]

(2) (1)などの資源に代わり，太陽光や風力など，いつまでも利用できるエネルギーを何といいますか。

[　　　　　　　　　　　]

(3) 原子力発電で使われる，ウランなどの燃料を何といいますか。

[　　　　　　　　　　　]

3 次の問いに答えましょう。

(1) 放射線には，原子をイオンにする性質がありますか，ありませんか。

[　　　　　　　　　　　]

(2) 放射線には，物体を通り抜ける性質がありますか，ありませんか。

[　　　　　　　　　　　]

(3) 放射線が人体に与える影響を表す単位は何ですか。記号で書きましょう。

[　　　　　　　　　　　]

コレだけ!

□ おもなエネルギー資源である化石燃料や核燃料には限りがある。

□ 太陽光や風力などの再生可能エネルギーの利用も進んでいる。

5章
科学技術・自然と人間

科学技術の発展について調べよう！

ペットボトルやビニール袋など，生活のなかにプラスチックがたくさんあるけど，どんな性質があるんだろう？

❶ プラスチックの種類と性質

身近なプラスチック

プラスチックは石油などから人工的につくられた有機物です。

プラスチックは，一般に，**電気を通しにくい，加工しやすい，さびずくさりにくい**などの特徴があり，食品の容器やレジ袋など，身近に利用されています。

一方で，自然界で分解されにくいため，近年では海洋に流れ出たプラスチックごみが問題になっています。

回収の際には，分別することが大切じゃ。

❷ 科学技術の活用

科学技術の発達にともない，交通手段や機械などが進歩し，私たちの生活はより便利で豊かになりました。

例えば，コンピュータやスマートフォンの発達により**インターネット**が普及し，いつでもすぐに最新の情報を知ることができます。

また，過去の膨大なデータから人間の脳のようにものごとを考えることができる**AI（人工知能）**も発達し，接客や介護などさまざまな分野で活躍しつつあります。

自動車の自動運転にも使われているね。

一方で，科学技術の発展は，さまざまな問題も引き起こしてきました。

しかし，その問題を解決するのも，新しい科学技術です。

例：**自動車の開発**

交通事故による死者数の増加→エアバッグなどの安全装置の開発

排出ガスによる大気汚染　→排出ガス浄化装置の性能向上

❸ 持続可能な社会

エネルギー資源や自然環境を保全しながら，将来の世代にわたって便利で豊かな生活を安定して続けていける社会を**持続可能な社会**といいます。

解いてみよう！　　解答 p.14

1 プラスチックの一般的な性質について，正しくないものをすべて選びましょう。

ア	加工しやすい
イ	無機物である
ウ	自然界で分解されやすい
エ	電気を通しにくい
オ	さびずくさりにくい

2 次の問いに答えましょう。

(1) 過去の膨大なデータから人間の脳のようにものごとを考えることができるものを
アルファベットで何といいますか。

(2) エネルギー資源や自然環境を保全しながら，将来の世代にわたって便利で豊かな
生活を安定して続けていける社会を何といいますか。

(3) 自動車の排出ガスによる大気汚染に対して，科学技術でどう解決してきましたか。
次の**ア〜ウ**から選びましょう。

ア　エアバッグなどの安全装置の開発
イ　排出ガス浄化装置の性能向上
ウ　自動車の衝突回避システムの開発

コレだけ！

□ 科学技術には長所と短所があり，短所を小さくするために新しい科学技術で解
決してきた。

□ 将来にわたって継続的，安定的に資源を利用し続けられる社会を持続可能な社
会という。

5章

科学技術・自然と人間

自然界のつり合いを見てみよう！

わたしたちは植物や動物を食べて生きているけど，ほかの生き物はどうしているんだろう？

❶ 食べる・食べられるのつながり

ある地域にすむ生物と，それらをとりまく環境をまとめて**生態系**といいます。
生態系の中で，生物の「食べる・食べられる」のつながりを**食物連鎖**といいます。

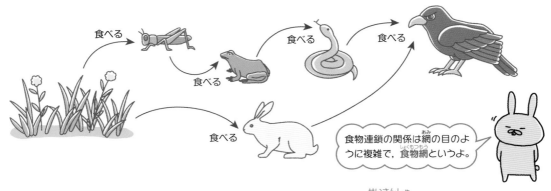

食物連鎖の関係は網の目のように複雑で，**食物網**というよ。

植物のように，光合成を行い有機物をつくり出す生物を**生産者**，草食動物や肉食動物のように，ほかの生物を食べて有機物を得ている生物を**消費者**といいます。

ある生態系における生産者と消費者の数量を見てみると，植物，草食動物，肉食動物と数が少なくなっていき，**ピラミッド形**になります。

この図が **カギ！**

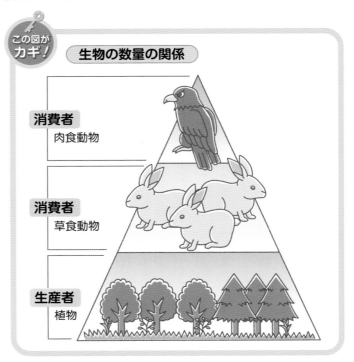

生物の数量の関係

消費者
肉食動物

消費者
草食動物

生産者
植物

ここにも注目

一部の生物の数量に一時的な増減があっても，長期的に見れば，このピラミッド形のつり合いは，ほぼ一定に保たれる。

118

解いてみよう！　解答 p.15

1 次の図の①〜③にあてはまる，生態系における役割を表す語句を入れましょう。

①

②

③

肉食動物

草食動物

植物

科学技術・自然と人間

2 次の問いに答えましょう。

(1) ある地域にすむ生物とそれらをとりまく環境をまとめて何といいますか。

(2) (1)での生物どうしの「食べる・食べられる」のつながりを何といいますか。

(3) (2)の関係は，実際には，網の目のように複雑になっていますが，これを何といいますか。

(4) 生態系において，植物のように有機物をつくり出す生物を何といいますか。

(5) 生態系において，動物のようにほかの生物を食べることで有機物を得ている生物を何といいますか。

コレだけ！

- □ ある地域にすむ生物とそれらをとりまく環境をまとめて生態系という。
- □ 生態系で，光合成を行い有機物をつくり出す生物を生産者，ほかの動物を食べて有機物を得ている生物を消費者という。

50 自然界の炭素の循環を見てみよう!

森などで落ち葉が積もっても，そのままいっぱいになってしまうことはないよね。落ち葉はどこにいくんだろう？

❶ 分解者

土の中の小動物や，菌類・細菌類などの微生物は，落ち葉や生物の死がい，ふんなどの有機物を利用し，無機物に分解します。

このような生物を**分解者**といいます。

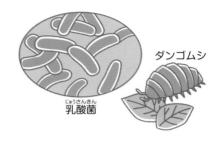
ダンゴムシ
乳酸菌

❷ 炭素の循環

生産者が**光合成**によってつくり出した有機物は，草食動物が植物を，肉食動物が草食動物を食べることによって，消費者にとりこまれます。

また，植物や動物の死がいやふんなどの有機物は，分解者にとりこまれます。

とりこまれた有機物は，**呼吸**により**二酸化炭素**と水に分解され，ふたたび生産者の光合成に使われます。

この図がカギ！

自然界での炭素の循環

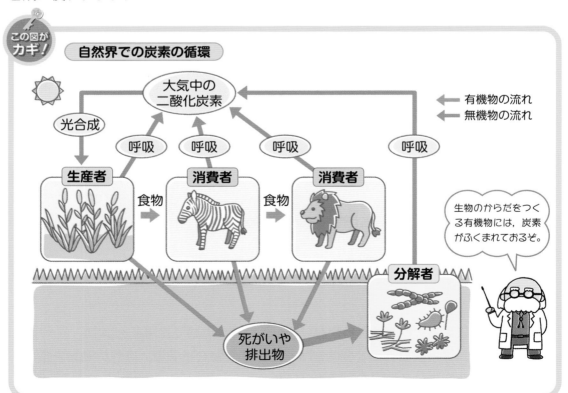

大気中の二酸化炭素

光合成

呼吸　呼吸　呼吸　呼吸

生産者　消費者　消費者

食物　食物

→ 有機物の流れ
→ 無機物の流れ

生物のからだをつくる有機物には，炭素がふくまれておるぞ。

分解者

死がいや排出物

解いてみよう！

1 次の図の①～④にあてはまる語句を入れましょう。

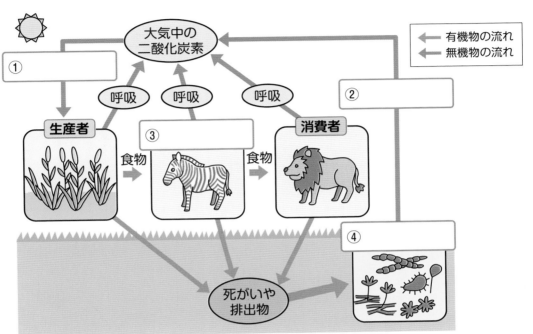

2 次の問いに答えましょう。

(1) 生態系において，落ち葉や生物の死がい，ふんなどの有機物を利用して無機物に分解する生物を何といいますか。

(2) ダンゴムシは生産者と分解者のどちらですか。

コレだけ！

□ 生物の死がいやふんを利用して無機物にする生物を分解者という。

□ 炭素をふくむ有機物は最終的に無機物に分解され，ふたたび生産者に利用される。

5章

科学技術・自然と人間

51

自然災害と環境の変化

災害や環境について調べよう！

わたしたちがいま住んでいる地域では，どんな災害が起きたんだろう？
また，自然環境はどのように変わってきたんだろう？

❶ 自然災害

海に囲まれた日本列島は大陸と海洋の大気の影響を強く受け，台風や豪雨による洪水などさまざまな気象災害が起こることがあります。

また，日本付近には4つのプレートがあり，陸のプレートと海のプレートの境界では，地震や火山活動がさかんです。

そのため，地震やそのゆれによる津波，火山の噴火による火砕流などの災害をもたらすことがあります。

このような自然災害から身を守るために，過去の災害を知り，今後どのような災害が起きる可能性があるのかを予測して備えることが大切です。

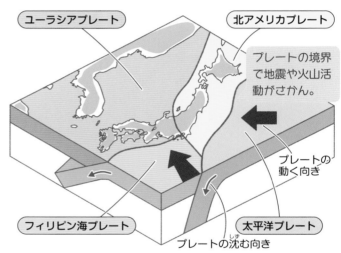

ユーラシアプレート

北アメリカプレート

プレートの境界で地震や火山活動がさかん。

プレートの動く向き

フィリピン海プレート

太平洋プレート

プレートの沈む向き

❷ 自然環境の変化

大量の化石燃料の燃焼や森林のばっ採など，人間の活動により，大気中の二酸化炭素の濃度が高くなってきました。

二酸化炭素は温室効果があるため，二酸化炭素の濃度上昇は地球温暖化の原因の1つであると考えられています。

また，もともとすんでいなかった地域に，ほかの地域から人間によって持ちこまれ定着した生物を外来生物（外来種）といいます。

オオクチバスなどのように，もともとその地域にすんでいた魚を食べて絶滅においこみ，生態系のつり合いを変化させてしまうこともあります。

外来生物

ミシシッピアカミミガメ

アライグマ

オオクチバス

解いてみよう！

1 次の図の①，②にあてはまる語句を入れましょう。

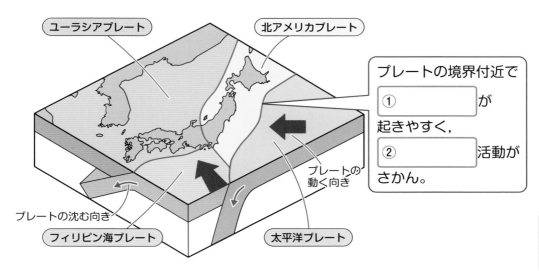

プレートの境界付近で
① _____ が
起きやすく，
② _____ 活動が
さかん。

2 次の問いに答えましょう。

(1) 大量の化石燃料の燃焼や森林のばっ採など，人間の活動により，大気中の濃度が高くなってきている気体は何ですか。

(2) (1)の気体には，温室効果がありますか，ありませんか。

(3) 温室効果のある気体の増加が原因の1つと考えられている，地球の平均気温が上昇する現象を何といいますか。

(4) もともとすんでいなかった地域に，ほかの地域から人間によって持ちこまれ定着した生物を何といいますか。

コレだけ！

□ 日本では陸のプレートと海のプレートの境界で地震や火山活動がさかんである。
□ 二酸化炭素には温室効果がある。

5章　科学技術・自然と人間

ステージ 52 自然環境の保全

生物がすみやすい環境を調べよう！

身近な自然環境は，どのように調べることができるんだろう？自然環境を守るためにわたしたちができることはあるのかな？

① 身近な環境の調査

水質を調べる手法として，川にすむ生物を調べる方法があります。

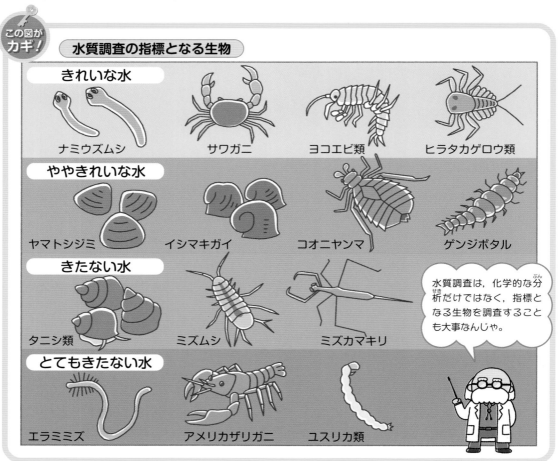

この図がカギ！

水質調査の指標となる生物

きれいな水

ナミウズムシ　　サワガニ　　ヨコエビ類　　ヒラタカゲロウ類

ややきれいな水

ヤマトシジミ　　イシマキガイ　　コオニヤンマ　　ゲンジボタル

きたない水

タニシ類　　ミズムシ　　ミズカマキリ

水質調査は，化学的な分析だけではなく，指標となる生物を調査することも大事なんじゃ。

とてもきたない水

エラミミズ　　アメリカザリガニ　　ユスリカ類

② 自然環境の保全

豊かな自然を維持するためには，人間が積極的に自然環境にかかわり**保全**していくことが大切です。

その例として，小笠原諸島や白神山地などのように**世界自然遺産**として保護したり，**里山**を管理したりすることがあげられます。

124

解いて みよう！

1 次の表の①〜④にあてはまる生物をあとのア〜エから選んで記号を入れましょう。

きれいな水	ややきれいな水	きたない水	とてもきたない水
①	②	③	④

ア アメリカザリガニ

イ ゲンジボタル

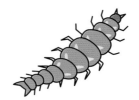

ウ サワガニ

エ タニシ類

2 次の問いに答えましょう。

(1) 豊かな自然を維持するために，人間が積極的に自然環境にかかわることを何といいますか。

(2) 小笠原諸島や白神山地などが登録されている，ユネスコが認めた自然環境を何といいますか。

コレだけ！

- □ 水質の指標となる生物がいる。
- □ 豊かな自然を維持するためには，人間が積極的に自然環境にかかわり保全することが求められる。

5章

科学技術・自然と人間

1 エネルギーについて，次の問いに答えましょう。(7点×6)　▶ステージ 47 48

(1) 石油や石炭，天然ガスなどのエネルギー資源を何といいますか。

(2) 風力発電は何エネルギーを電気エネルギーに変換していますか。

(3) 再生可能エネルギーを使用した発電方法を次のア～オからすべて選びましょう。

　　ア　火力発電　　　イ　太陽光発電　　　ウ　地熱発電
　　エ　原子力発電　　オ　風力発電

(4) 放射線が人体に与える影響を表す単位は何ですか。

(5) 食品の容器やレジ袋などに使われている，石油などから人工的につくられた物質を何といいますか。

(6) エネルギー資源や自然環境を保全しながら，将来の世代にわたって便利で豊かな生活を安定して続けていける社会のことを何といいますか。

2 次の問いに答えましょう。(7点×4)　▶ステージ 49

(1) 自然界で，生物の「食べる・食べられる」のつながりを何といいますか。

(2) 生態系において，植物は，自ら有機物をつくり出すことから，何とよばれますか。

(3) 生態系において，草食動物や肉食動物は，ほかの生物から有機物を得ていることから，何とよばれますか。

(4)　右の図は，ある生態系における，生物の数量の関係を表したものです。何らかの理由で図の草食動物が急にふえると，それぞれの生物の数量はどのように変化しますか。次の**ア〜ウ**を変化の順に並べましょう。

□ → □ → □

ア　つり合いがとれた状態となる。
イ　肉食動物がふえ，植物が減る。
ウ　草食動物が減り，肉食動物も減る。

3　次の図は，ある生態系での炭素の循環を模式的に表したものです。図のAは生物を，アは大気中の気体を，aは生物が行っているはたらきを示しています。あとの問いに答えましょう。(6点×3)

ステージ 50

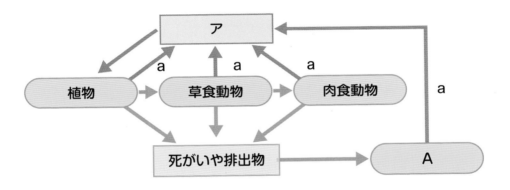

（1）　生態系において，**A**の生物を何といいますか。

□

（2）　気体**ア**は何ですか。

□

（3）　はたらき**a**は何ですか。

□

4　次の問いに答えましょう。(6点×2)

ステージ 51

（1）　陸のプレートと海のプレートの境界で発生しやすい自然現象のうち，津波を引き起こす原因となるものを何といいますか。

□

（2）　二酸化炭素の濃度上昇などが原因の1つと考えられている，地球の平均気温が上昇する現象を何といいますか。

□

身近で取り組むSDGs

SDGs（エスディージーズ）とは

2015年に国連サミットで採択された,「持続可能な開発目標」のこと。

貧困の解決やジェンダー平等の実現など,内容はさまざまで,よりよい未来をつくるため,17の目標がかかげられた。

自然環境や科学技術に関する点では,持続可能な消費と生産や海洋資源の保全などがあげられている。

◆ ふだんの生活で取り組めること

リサイクル！
プラスチックの食品トレーは回収ボックスへ。

食べきる！
野菜の皮や根元など,可食部分はできるだけ食べよう。

買いすぎない！
食べきれる分だけ買おう。

ふだんから少しずつ気をつけることで,地球を守ることができるんだ！

エコバッグ持参！
レジ袋を減らそう。

ぼくたちの暮らしやすい世界にしてね。

やった〜！

たくさんのことを考えられるようになったな。助手として認めよう！

□ 編集協力　㈱エディット　平松元子　松本陽一郎

□ 本文デザイン　studio1043　CONNECT

□ DTP　平デザイン　遠藤広野

□ 図版作成　平デザイン　遠藤広野　笠原ひろひと　中山けーしょー　㈲マイプラン

□ イラスト　さやましょうこ（㈲マイプラン）

シグマベスト
ぐーんっとやさしく
中3理科

本書の内容を無断で複写（コピー）・複製・転載することを禁じます。また，私的使用であっても，第三者に依頼して電子的に複製すること（スキャンやデジタル化等）は，著作権法上，認められていません。

© BUN-EIDO　2021　　Printed in Japan

編　者　文英堂編集部
発行者　益井英郎
印刷所　株式会社加藤文明社
発行所　株式会社文英堂
〒601-8121　京都市南区上鳥羽大物町28
〒162-0832　東京都新宿区岩戸町17
（代表）03-3269-4231

● 落丁・乱丁はおとりかえします。

中3理科

ぐーんっと
やさしく

解答と解説

文英堂

ステージ 1 電解質と非電解質
電流が流れる水溶液を調べよう！

1 右の図のようにして，さまざまな水溶液に電流が流れるかどうかを調べました。また，そのときの電極付近のようすも観察しました。

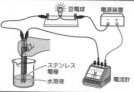
豆電球　電源装置
ステンレス電極
水溶液
電流計

下の実験結果を示した表の①〜③にあてはまる語句を入れましょう。

水溶液	電流	電極付近
食塩水	① 流れる	気体が発生
砂糖水	② 流れない	変化なし
水酸化ナトリウム水溶液	流れる	③ 気体が発生

2 次の問いに答えましょう。

(1) 精製水には電流が流れますか，流れませんか。　**流れない。**

(2) ある物質を水にとかして水溶液としたとき，水溶液に電流が流れる物質を何といいますか。　**電解質**

(3) ある物質を水にとかして水溶液としたとき，水溶液に電流が流れない物質を何といいますか。　**非電解質**

3 次のア〜オの物質について，あとの問いに答えましょう。
ア 砂糖　　イ 食塩　　ウ 塩化水素
エ 水酸化ナトリウム　　オ エタノール

(1) 電解質はどれですか。すべて選びましょう。　**イ，ウ，エ**

(2) 非電解質はどれですか。すべて選びましょう。　**ア，オ**

ステージ 2 電気分解
電流を流したときの変化を見てみよう！

1 下の図のようにして，塩化銅水溶液に電流を流し電気分解しました。①〜③にあてはまる語句を入れ，あとの問いに答えましょう。

① **陽** 極
→ 気体が発生。

② **陰** 極
→ **赤** 色の物質が付着。

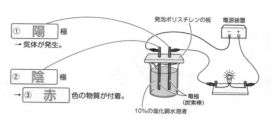
発泡ポリスチレンの板　電源装置
電極（炭素棒）
10%の塩化銅水溶液

(1) 陰極の炭素棒についた赤色の物質をろ紙にとり，薬さじなどでこするると金属光沢が見られました。この物質を何といいますか。　**銅**

(2) 陽極の炭素棒付近の水溶液をとりだし，赤インクで色をつけた水に落とすと漂白作用により赤インクの色が消えました。これより，陽極からは何という気体が発生しましたか。　**塩素**

(3) 次の化学反応式は，塩化銅水溶液の電気分解を表したものです。①，②にあてはまる化学式を答えましょう。

$CuCl_2 \longrightarrow$ ① **Cu** ＋ ② **Cl₂**
逆でも正解。

ステージ 3 原子の構造とイオン
イオンについておさえよう！

1 次の図の①〜④にあてはまる語句を入れましょう。

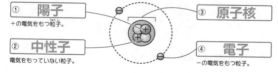

① **陽子**
＋の電気をもつ粒子。

② **中性子**
電気をもっていない粒子。

③ **原子核**

④ **電子**
－の電気をもつ粒子。

2 次の表の①〜⑧にあてはまる語句や記号を入れましょう。

名称	化学式	名称	化学式
① 水素イオン	H^+	⑤ 塩化物イオン	Cl^-
ナトリウムイオン	② Na^+	水酸化物イオン	⑥ OH^-
③ 銅イオン	Cu^{2+}	⑦ 硫酸イオン	SO_4^{2-}
マグネシウムイオン	④ Mg^{2+}	硝酸イオン	⑧ NO_3^-

3 次の問いに答えましょう。

(1) 原子が電子を失って，＋の電気を帯びたものを何といいますか。　**陽イオン**

(2) 陰イオンは，＋の電気と－の電気のどちらを帯びていますか。　**－の電気**

(3) 塩素原子が電子を受けとって塩化物イオンになるようすを，化学式と電子e⁻を使って表しましょう。
$Cl + e^- \longrightarrow Cl^-$
塩化物イオンは陰イオン。

ステージ 4 電離を表す化学反応式
電離のようすをイオンで表してみよう！

1 次の①〜⑥にあてはまる化学式を入れましょう。
● 塩化ナトリウムの電離のようす
$NaCl \longrightarrow$ ① **Na^+** ＋ ② **Cl^-**
陽イオン。　　陰イオン。

● 塩化水素の電離のようす
$HCl \longrightarrow$ ③ **H^+** ＋ ④ **Cl^-**
陽イオン。　　陰イオン。

● 塩化銅の電離のようす
$CuCl_2 \longrightarrow$ ⑤ **Cu^{2+}** ＋ ⑥ **$2Cl^-$**
陽イオン。　　陰イオン。

2 次の問いに答えましょう。

(1) 電解質は，水にとけると何と何に分かれますか。
陽イオン と **陰イオン**
逆でも正解。

(2) 電解質が(1)のようになることを何といいますか。　**電離**

3 次の図は塩化ナトリウムを水にとかしたようすを表しています。

(1) ①，②にあてはまる語句を入れましょう。

① **ナトリウム** イオン

② **塩化物** イオン

(2) この水溶液に電圧をかけると電流は流れますか，流れませんか。　**流れる。**

ステージ 5 酸性とアルカリ性の性質

水溶液の性質を調べよう!

1 次の表の①〜⑦にあてはまる語句を入れましょう。

	酸性	中性	アルカリ性
電流が流れるかどうか	流れる	流れる／流れない	流れる
赤色リトマス紙の変化	変化なし	変化なし	①**青**色になる
青色リトマス紙の変化	②**赤**色になる	変化なし	変化なし
BTB溶液の変化	③**黄**色になる	④**緑**色になる	⑤**青**色になる
フェノールフタレイン溶液の変化	無色	無色	⑥**赤**色になる
マグネシウムを入れたとき	水素が発生⑦**する**	水素は発生しない	水素は発生しない

2 次の①〜⑩の水溶液を,酸性,中性,アルカリ性に分け,それぞれの番号を答えましょう。

① 塩酸　　② エタノール水溶液　　③ アンモニア水　　④ 石灰水
⑤ 炭酸水　⑥ レモン汁　　　　　⑦ 食酢　　　　　　⑧ 食塩水
⑨ 水酸化ナトリウム水溶液　　　　⑩ 砂糖水

酸性　　①, ⑤, ⑥, ⑦

中性　　②, ⑧, ⑩

アルカリ性　　③, ④, ⑨

ステージ 6 酸・アルカリ

酸性・アルカリ性の正体を調べよう!

1 図のような装置をつくり,pH試験紙の上に,うすい塩酸を滴下して,電圧を加えました。また,うすい水酸化ナトリウム水溶液でも同様の実験を行いました。この実験で用いたpH試験紙は,酸性で赤色,アルカリ性で青色に変化します。次の実験結果をまとめた表の①〜④にあてはまる語句を入れましょう。

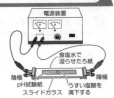

塩酸	①**陰**極側に	②**赤**色の部分が移動した	
水酸化ナトリウム水溶液	③**陽**極側に	④**青**色の部分が移動した	

2 次の問いに答えましょう。

(1) 塩酸の電離のようすは,化学式を使って次のように表されます。①,②にあてはまる化学式を答えましょう。

$$HCl \longrightarrow ①\;H^+ \;(陽イオン)\; + ②\;Cl^- \;(陰イオン)$$

(2) 水酸化ナトリウムの電離のようすは,化学式を使って次のように表されます。①,②にあてはまる化学式を答えましょう。

$$NaOH \longrightarrow ①\;Na^+ \;(陽イオン)\; + ②\;OH^- \;(陰イオン)$$

3 次の問いに答えましょう。

(1) 酸が水溶液中で電離して生じる陽イオンは何ですか。

水素イオン

(2) アルカリが水溶液中で電離して生じる陰イオンは何ですか。

水酸化物イオン

ステージ 7 pH

酸性・アルカリ性の強さを調べよう!

1 次の図の①〜⑤にあてはまる語句を入れましょう。

①**酸**性　②**中**性　③**アルカリ**性

pH　0 1 2 3 4 5 6 7 8 9 10 11 12 13 14

pHの値が7より④**小さい**ほど,強い酸性。

pHの値が7より⑤**大きい**ほど,強いアルカリ性。

2 次のア〜カの身のまわりの物質について,酸性を示すもの,中性を示すもの,アルカリ性を示すものに分けましょう。

ア 純水　　イ 石けん水　ウ 胃液
エ 石灰水　オ レモン汁　カ 食酢

酸性を示すもの　**ウ, オ, カ**

中性を示すもの　**ア**

アルカリ性を示すもの　**イ, エ**

3 次の問いに答えましょう。

(1) 塩酸にマグネシウムを入れると発生する気体は何ですか。

水素

(2) 塩酸と酢酸にそれぞれマグネシウムを入れると,どちらの水溶液のほうが激しく反応しますか。

塩酸

ステージ 8 中和と塩

酸性・アルカリ性の水溶液を混ぜてみよう!

1 次の図の①〜⑤にあてはまる化学式を入れましょう。

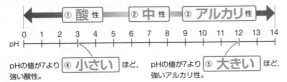
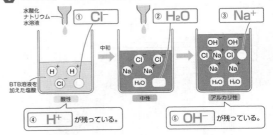

① Cl^-　　② H_2O　　③ Na^+

④ H^+ が残っている。　　⑤ OH^- が残っている。

2 右の図のように,BTB溶液を加えた塩酸に水酸化ナトリウム水溶液を加えていきました。

(1) 塩酸に水酸化ナトリウム水溶液を加えると水ができます。この反応を何といいますか。

中和

(2) 塩酸の陰イオンと水酸化ナトリウムの陽イオンが結びつくことでできる物質は何ですか。

塩化ナトリウム

(3) (2)の総称を何といいますか。

塩

(4) この反応を化学反応式で表しましょう。

$$HCl + NaOH \longrightarrow NaCl + H_2O$$

3

ステージ 9 電池
電池をつくってみよう!

1 右の図のような装置で、銅板や亜鉛板と砂糖水や塩酸を用いて、組み合わせを変えてモーターが回転するかを調べました。次の問いに答えましょう。

発泡ポリスチレン
光電池用モーター
水溶液
金属板

(1) 銅板と亜鉛板を砂糖水に入れると、電流は流れますか、流れませんか。

流れない。

(2) 銅板2枚を塩酸に入れると、電流は流れますか、流れませんか。

流れない。

(3) 銅板と亜鉛板を塩酸に入れると、電流は流れますか、流れませんか。

流れる。

(4) (3)の電池では、銅板と亜鉛板のどちらが+極になりますか。

銅板

(5) 電池をつくるには、電解質水溶液と非電解質水溶液のどちらを使用しますか。

電解質水溶液

ステージ 10 イオンへのなりやすさ
金属のイオンへのなりやすさを調べよう!

1 マイクロプレートに金属片と水溶液を入れて、金属のイオンへのなりやすさを調べました。次の問いに答えましょう。

(1) 下の表は実験の結果を表したものです。①〜③にあてはまる語句を入れましょう。

	マグネシウム	亜鉛	銅
硫酸マグネシウム水溶液		変化なし	① **変化なし**
硫酸亜鉛水溶液	② **灰** 色の物質が生じた		変化なし
硫酸銅水溶液	赤色の物質が生じた	③ **赤** 色の物質が生じた	

(2) マグネシウム片を硫酸亜鉛水溶液に入れたときに生じた物質は何ですか。

亜鉛

(3) 亜鉛片を硫酸銅水溶液に入れたときに生じた物質は何ですか。

銅

(4) Mg, Zn, Cuの3つの金属を、イオンになりやすい順に並べましょう。

Mg > Zn > Cu

ステージ 11 ダニエル電池
電池のしくみを考えよう!

1 次の図の①〜④にあてはまる化学式や+または−の記号を入れ、あとの問いに答えましょう。

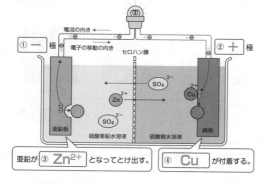
電流の向き
電子の移動の向き
セロハン膜
① **−** 極
② **+** 極
SO_4^{2-}
Zn^{2+}
Cu^{2+}
SO_4^{2-}
亜鉛板
銅板
硫酸亜鉛水溶液
硫酸銅水溶液
亜鉛が ③ Zn^{2+} となってとけ出す。
④ Cu が付着する。

(1) 図のような電池を何といいますか。

ダニエル電池

(2) この電池の−極と+極での化学変化を化学反応式で表します。次の①〜④にあてはまる化学式を答えましょう。

−極：① Zn → ② Zn^{2+} + 2e⁻

+極：③ Cu^{2+} + 2e⁻ → ④ Cu

(3) 硫酸亜鉛水溶液の濃度は、電流が流れることで濃くなりますか、うすくなりますか。

濃くなる。

ステージ 12 いろいろな電池
身のまわりの電池を調べよう!

1 次の問いに答えましょう。

(1) 充電することで、くり返し使うことができる電池を何といいますか。

二次電池

(2) 水の電気分解と逆の化学変化を利用した電池を何といいますか。

燃料電池

(3) (2)の電池の反応を表した化学反応式の①〜③にあてはまる化学式を答えましょう。

2 ① H_2 + ② O_2 → ③ $2H_2O$

2 次のア〜カの電池について、一次電池と二次電池に分け、それぞれ記号を答えましょう。

ア マンガン乾電池	イ 鉛蓄電池	ウ ニッケル水素電池
エ リチウムイオン電池	オ リチウム電池	カ 空気亜鉛電池

一次電池 **ア, オ, カ**

二次電池 **イ, ウ, エ**

確認テスト 1章

1 (1)電解質　(2)A極…Cu　B極付近…Cl₂

(3)B極

2 (1)Aで陰極側に移動したイオン…水素イオン

Bで陽極側に移動したイオン…水酸化物イオン

(2)A

解説 Aが塩酸，Bが水酸化ナトリウム水溶液である。
(2)酸性の水溶液の性質である。

3 (1)黄色

(2)HCl + NaOH ⟶ NaCl + H₂O

(3)中和

解説 (2)塩酸と水酸化ナトリウム水溶液の中和によって，塩化ナトリウムと水ができる。

4 (1)ダニエル電池　(2)亜鉛　(3)B極　(4)ウ

解説 －極では，亜鉛が電子を失って亜鉛イオンに，＋極では銅イオンが電子を受けとって銅になる。

ステージ 13 細胞の成長

細胞の成長のようすを観察しよう！

1 根の成長について調べるために，次のような実験を行いました。あとの問いに答えましょう。

〔実験〕①タマネギの下の部分が水につかるようにおいた。
②出てきた根に等間隔に印をつけて4日間観察した。
③4日目の根のようすを顕微鏡で観察した。

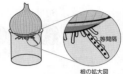

等間隔

根の拡大図

(1) 印をつけた根の4日目のようすとして正しいものを，ア～エから選びましょう。

イ

(2) 4日目の根のそれぞれの部分における細胞のようすについて，図の①～③にあてはまるものを下のア～ウをそれぞれ選びましょう。

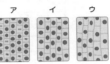 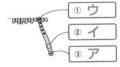

① **ウ**
② **イ**
③ **ア**

(3) 1つの細胞が2つに分かれることを何といいますか。

細胞分裂

(4) 実験の結果から，(3)がさかんに起こるのは根の根もとと先端近くのどちらですか。

先端近く

ステージ 14 体細胞分裂

細胞分裂のようすを観察しよう！

1 次の図の①～⑤にあてはまる語句や数を入れましょう。

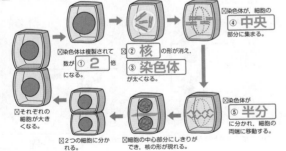

④ **中央** 部分に集まる。

染色体は複製されて数が ① **2** 倍になる。

② **核** の形が消え，③ **染色体** が太くなる。

⑤ **半分** に分かれ，細胞の両端に移動する。

染色体が，細胞の中央部分に集まる。

それぞれの細胞が大きくなる。

2つの細胞に分かれる。

細胞の中心部分にしきりができ，核の形が現れる。

2 次の問いに答えましょう。

(1) からだをつくる細胞で見られる細胞分裂をとくに何といいますか。

体細胞分裂

(2) 細胞が分裂するとき，核の中に見えるひも状のものを何といいますか。

染色体

3 次の図のA～Fを，Aを最初として細胞分裂の順に並びかえましょう。

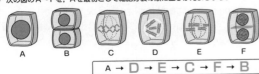

A　B　C　D　E　F

A → D → E → C → F → B

ステージ 15 無性生殖

生物のふえ方をおさえよう！

1 次の図の①，②にあてはまる語句を入れましょう。

① **分裂**
ゾウリムシのように，からだが2つに分かれてふえる生殖。

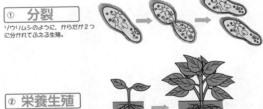

② **栄養生殖**
ジャガイモのように，植物のからだの一部から新しい個体をつくる生殖。

2 次の問いに答えましょう。

(1) 生物が自分と同じ種類の新しい個体をつくることを何といいますか。

生殖

(2) 体細胞分裂によってふえる生殖を何といいますか。

無性生殖

(3) 栄養生殖によってふえるものを次のア～オからすべて選びましょう。

イ，ウ，オ

ア　ミカヅキモ　　イ　サツマイモ　　ウ　オランダイチゴ
エ　ゾウリムシ　　オ　ジャガイモ

ステージ 16　動物の有性生殖
動物のふえ方をおさえよう！

1 次の図の①〜③にあてはまる語句を入れましょう。

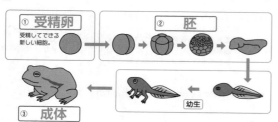

① **受精卵**
受精してできる
新しい細胞。

② **胚**

③ **成体**　幼生

2 次の問いに答えましょう。

(1) 無性生殖とちがい，親の雌雄がかかわる生殖を何といいますか。
有性生殖

(2) 有性生殖を行うための特別な細胞を何といいますか。
生殖細胞

(3) 動物の雌の卵巣でつくられる(2)を何といいますか。
卵

(4) 動物の雄の精巣でつくられる(2)を何といいますか。
精子

(5) 受精卵が胚になり，個体の体のつくりが完成していく過程を何といいますか。
発生

ステージ 17　植物の有性生殖
植物のふえ方をおさえよう！

1 次の図の①〜④にあてはまる語句を入れましょう。

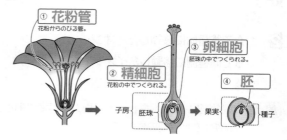

① **花粉管**
花粉からのびる管。

② **精細胞**
花粉の中でつくられる。

③ **卵細胞**
胚珠の中でつくられる。

④ **胚**

子房　胚珠　果実　種子

2 次の問いに答えましょう。

(1) 卵細胞はめしべの何でつくられますか。
胚珠

(2) 花粉がめしべの柱頭について受粉したときに，花粉から胚珠に向かってのび，精細胞を運ぶ部分を何といいますか。
花粉管

(3) 精細胞の核と卵細胞の核が合体することを何といいますか。
受精

(4) (3)のあと，受精卵は細胞分裂をくり返して何になりますか。
胚

ステージ 18　減数分裂
生殖にかかわる細胞分裂をおさえよう！

1 次の図の①〜③にあてはまる語句を入れましょう。

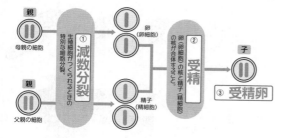

親　母親の細胞
親　父親の細胞

① **減数分裂**　生殖細胞がつくられるときの特別な細胞分裂。

卵（卵細胞）
精子（精細胞）

② **受精**　卵（卵細胞）の核と精子（精細胞）の核が合体すること。

③ **受精卵**　子

2 次の問いに答えましょう。

(1) 無性生殖で，染色体が親から子へとそのまま受けつがれていく細胞分裂を何といいますか。
体細胞分裂

(2) 有性生殖で，卵（卵細胞）と精子（精細胞）をつくるときに行われる特別な細胞分裂を何といいますか。
減数分裂

(3) (2)のあとにできた生殖細胞の染色体の数は，もとの細胞の染色体の数と同じですか，ちがいますか。
ちがう。
数は半分になる。

(4) 受精卵の染色体の数は，親の細胞の染色体の数と同じですか，ちがいますか。
同じ。

ステージ 19　遺伝
親から子へ伝わる特徴を調べよう！

1 次の図は，メンデルのエンドウの実験について表したものです。あとの問いに答えましょう。

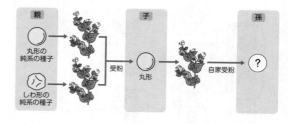

親　丸形の純系の種子　しわ形の純系の種子
受粉
子　丸形
自家受粉
孫　？

(1) 生物の特徴となる形や性質を何といいますか。
形質

(2) 親の形質が子や孫に伝わることを何といいますか。
遺伝

(3) 子の種子はすべて丸形でした。このとき，子に現れる形質を何といいますか。
顕性形質

(4) しわ形の形質のように，子に現れない形質を何といいますか。
潜性形質

(5) 上の図で，孫の代の種子の形は，次の**ア**〜**ウ**のどれですか。
ウ

ア　丸形のみ　　イ　しわ形のみ　　ウ　丸形としわ形

ステージ 20 分離の法則
遺伝の規則性をおさえよう！

❶ メンデルのエンドウの実験について，親から子への遺伝子の伝わり方を考えました。次の問いに答えましょう。

(1) 次の図の①〜③にあてはまるものを**ア〜オ**から選びましょう。

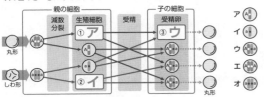

(2) 減数分裂により，AAやaaのように対になっている遺伝子がべつべつの生殖細胞に入ることを何といいますか。 → 分離の法則

❷ メンデルのエンドウの実験について，子から孫への遺伝子の伝わり方を考えました。次の問いに答えましょう。

(1) 次の図の①〜③にあてはまるものを**ア〜オ**から選びましょう。

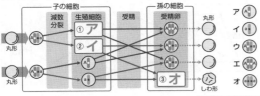

(2) 孫の代では，丸形としわ形がどのような割合で現れますか。 → 3：1

ステージ 21 DNA
遺伝子の本体を調べよう！

❶ 次の図の①〜③にあてはまる語句を入れましょう。

① 染色体
細胞分裂のときに核の中に現れるひも状のもの。

③ 核
細胞の中に1つあり，染色液で赤色に染まる部分。

② DNA
遺伝子の本体となる物質。
「デオキシリボ核酸」も正解。

❷ 次の問いに答えましょう。

(1) 遺伝子は，細胞の核内のどこにふくまれていますか。 → 染色体

(2) 遺伝子の本体である物質は何といいますか。アルファベットで答えましょう。
DNA はデオキシリボ核酸の略称。 → DNA

(3) ある生物の遺伝子を別の生物に人工的に組みこむことを何といいますか。 → 遺伝子組換え

❸ 次の文について，正しいものには○，まちがっているものには×を書きましょう。

(1) 子に受けつがれる遺伝子は常に不変で，DNAが変化することはない。 → ×

(2) 遺伝子組換えの技術は，農業や医療などさまざまな場面で利用されている。 → ○

ステージ 22 生物の進化
生物の進化の歴史を調べよう！

❶ 次の表の①〜④にあてはまる語句を入れましょう。

	魚類	両生類	ハチュウ類	鳥類	ホニュウ類
呼吸のしかた	① えら	(子)えら (親)肺・皮ふ		② 肺	
子のうまれかた	③ 卵生 (殻がない)		卵生 (殻がある)		④ 胎生

❷ 次の問いに答えましょう。

(1) 生物が長い年月をかけて世代を重ねる間に変化していくことを何といいますか。 → 進化

(2) セキツイ動物の魚類，両生類，ハチュウ類，鳥類，ホニュウ類のうち，最初に現れたなかまは何類ですか。 → 魚類

(3) ハチュウ類の卵には殻がありますか，ありませんか。 → ある。

(4) ハチュウ類の卵が(3)のようになっていることで，どのような利点がありますか。次の**ア**，**イ**のうち，正しいものを選びましょう。 → イ

　ア 水の中でも卵の中に酸素をとりこむことができる。
　イ 陸上でも乾燥を防ぐことができる。

(5) セキツイ動物の生活する場所は，水中→陸上，陸上→水中のどちらに変化してきましたか。 → 水中→陸上

ステージ 23 進化
生物の進化の証拠を調べよう！

❶ 下の図はセキツイ動物の相同器官を表したものです。コウモリのつばさのXの骨にあたる骨をぬりましょう。

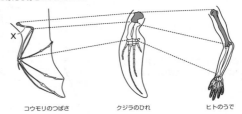

コウモリのつばさ　　　クジラのひれ　　　ヒトのうで

❷ 次の問いに答えましょう。

(1) 右の図は，化石をもとにして復元したある生物の想像図で，異なる種類の動物の特徴をもっています。この生物の名前を答えましょう。 → 始祖鳥

(2) 右の図の生物は，セキツイ動物の何類と何類の特徴をもっていますか。次の**ア〜オ**から2つ選びましょう。 → ウ　エ

　ア 魚類　**イ** 両生類　**ウ** ハチュウ類　**エ** 鳥類　**オ** ホニュウ類

(3) 現在の形やはたらきはちがっても，もとは同じ器官であったと考えられるものを何といいますか。 → 相同器官

確認テスト ②章

1 (1)d　　(2)お→う→え→い→あ

　　(3)染色体

[解 説]（1)細胞分裂は，根の先端近くでさかんに起こる。

2 (1)無性生殖　　(2)A，C，F

　　(3)A→D→E→B→C

　　(4)卵，精子

　　(5)A…花粉管　B…精細胞　C…卵細胞

　　(6)減数分裂

3 (1)黄色　　(2)Aa　　(3)約4500個

[解 説]（1)エンドウの子葉の色のように，どちらか一方

　　　　しか現れない形質どうしを対立形質という。

　　　　(3)孫の代では黄色と緑色が3：1の割合で現れる。

4 (1)進化　　(2)相同器官

[解 説]（2)コウモリのつばさとクジラのひれなど。

ステージ **24** 力の合成

力を合成してみよう！

1 次の問いに答えましょう。

(1) 物体にはたらく2つの力と同じはたらきをする1つの力を求めることを何といいますか。

力の合成

(2) (1)で求めた力を何といいますか。

合力

2 次の①〜④の力A，力Bの合力を■から矢印で表しましょう。

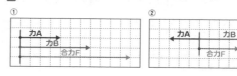

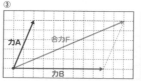 

ステージ **25** 力の分解

力を分解してみよう！

1 次の問いに答えましょう。

(1) 物体にはたらく1つの力を2つの力に分けることを何といいますか。

力の分解

(2) (1)の力を何といいますか。

分力

2 図のように力Fを分力AとBに分けたときの分力Bを矢印で表しましょう。

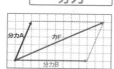

3 斜面に置いた物体にはたらく力について，次の問いに答えましょう。

(1) 図の物体にはたらく重力Wを，斜面下向きの分力Aと斜面に垂直な分力Bに分け，矢印で表しましょう。

(2) 物体にはたらく垂直抗力は，重力W，分力A，分力Bのどの力とつり合いますか。

分力B

(3) 斜面の傾きが大きくなると，物体にはたらく斜面下向きの力の大きさはどうなりますか。

大きくなる。

ステージ **26** 水圧

水による圧力をおさえよう！

1 次の①，②にあてはまる語句を入れましょう。

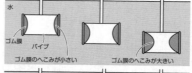

●水圧は，水の深さが深いほど
① 大きい。

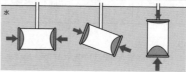

●水圧は，
② あらゆる
向きからはたらく。

2 右の図のような，a〜cの穴のあいた円柱の容器があります。穴をテープでふさいでおき，この容器を水で満たしてテープをはがすと，3個の穴から水が飛び出しました。これについて，次の問いに答えましょう。

(1) 穴から水が飛び出したのは，水の重さによる圧力がはたらいたからです。水の重さによる圧力を何といいますか。

水圧

(2) もっとも勢いよく水が飛び出したのはどの穴ですか。a〜cから選びましょう。

c

(3) (1)について，正しいものを次のア〜ウから選びましょう。

ア

ア　水の深さが深いほど大きい。
イ　水の深さが深いほど小さい。
ウ　大きさは，水の深さとは関係がない。

ステージ 27 浮力
水の中ではたらく力を調べよう!

1 次の①、②にあてはまる語句を入れましょう。

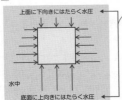

上面に下向きにはたらく水圧よりも底面に上向きにはたらく水圧のほうが① **大きい**。

物体には② **浮力** が上向きにはたらく。

2 右の図のように、質量が400gのおもりをばねばかりにつりさげて、おもりを水の中にしずめたところ、ばねばかりは3.2Nを示しました。これについて、次の問いに答えましょう。ただし、100gの物体にはたらく重力の大きさを1Nとします。

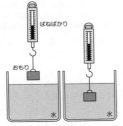

(1) おもりが空気中にあるとき、ばねばかりは何Nを示しますか。

4N

(2) おもりを水の中にしずめたとき、ばねばかりが3.2Nを示したのは、ばねばかりに引かれる力と重力のほかに、おもりに何という力がはたらいたからですか。

浮力

(3) おもりにはたらいた(2)の大きさは何Nですか。

4N − 3.2N = 0.8N

0.8N

ステージ 28 運動の速さと向き
運動の速さと向きを調べよう!

1 次の問いに答えましょう。

(1) 単位時間に移動する距離のことを何といいますか。

速さ

(2) 自動車や新幹線の速度計が示す刻々と変化する速さを何といいますか。

瞬間の速さ

(3) 物体がある距離を一定の速さで動いたと仮定したときの速さを何といいますか。

平均の速さ

(4) 自動車で180kmの道のりを3時間かけて進みました。このときの平均の速さを求めましょう。

$\frac{180km}{3h}$ =60km/h

60km/h

2 次の①~④の運動のようすについて、あてはまるものをあとのア~エから選びましょう。

① ジェットコースター　**エ**

② 斜面を転がるボール　**ウ**

③ なめらかな床をすべるドライアイス　**ア**

④ 観覧車　**イ**

ア　速さと向きが変化しない運動　　イ　向きだけが変化する運動
ウ　速さだけが変化する運動　　エ　速さも向きも変化する運動

ステージ 29 力と運動①
斜面を下る台車の運動を調べよう!

1 右の図のように、記録タイマーを使って斜面を下る台車の運動のようすを調べました。斜面の傾きを変えて実験し、得られた記録テープを0.1秒ごとに切って並べると、下の図A、Bのような結果になりました。あとの問いに答えましょう。

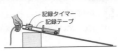

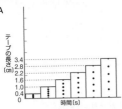
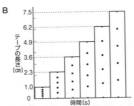

(1) 1秒間に50回打点する記録タイマーの場合、記録テープを0.1秒ごとに切るには、何打点ずつ切ればよいですか。

5打点

(2) Bの左から3つ目のテープの平均の速さを求めましょう。

$\frac{3.6cm}{0.1s}$ =36cm/s

36cm/s

(3) 斜面の傾きが大きいのは、A、Bのどちらですか。

B

(4) 斜面の傾きを大きくすると、台車にはたらく斜面下向きの力は小さくなりますか、大きくなりますか。

大きくなる。

ステージ 30 力と運動②
物体に力がはたらかないときの運動を調べよう!

1 右の図のように、水平でなめらかな床の上で台車をおしたあとの運動のようすについて、次の問いに答えましょう。

(1) 台車には、運動の方向に力がはたらいていますか、はたらいていませんか。

はたらいていない。

(2) このとき、台車の動く速さは速くなりますか、おそくなりますか、一定ですか。

一定

(3) 台車の速さと時間の関係を表したグラフとしてあてはまるものを、次のア~ウから選びましょう。

ア

ア　　　　イ　　　　ウ

(4) この台車の運動を何といいますか。

等速直線運動

2 物体は、外から力を加えない限り、運動の状態を保とうとします。この法則を何といいますか。

慣性の法則

およぼし合う力を調べよう!

1 次の図は、作用・反作用の関係について表したものです。①~③にあてはまる語句を入れましょう。

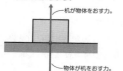

机が物体をおす力。

物体が机をおす力。

2力の大きさが ① **等しい** 。

2力は ② **一直線上** にある。

2力の向きは ③ **反対** である。

2 次のア~エの2力について、あとの問いに答えましょう。

ア ひもにつるされた物体にはたらく重力と、ひもが物体を引っぱる力

イ ひもにつるされた物体がひもを引っぱる力と、ひもが物体を引っぱる力

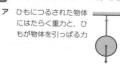

ウ 足で地面をける力と、地面が足をおし返す力

エ 粗い床の上にある物体を指でおす力と、床と物体の間に生じる摩擦力

(1) 作用・反作用の関係にあるものはどれですか。すべて答えましょう。

イ, ウ

(2) つり合う2力の関係にあるものはどれですか。すべて答えましょう。

ア, エ

仕事の求め方をおさえよう!

1 次の式の①、②にあてはまる語句を入れましょう。

●仕事〔J〕= ① **力の大きさ**〔N〕

×力の向きに移動した ② **距離**〔m〕

2 次の問いに答えましょう。

(1) 仕事の単位は何ですか。単位の記号を答えましょう。

J

(2) ある仕事をするとき、道具を使っても使わなくても、仕事の大きさは同じです。これを何といいますか。

仕事の原理

3 右の図のように、定滑車と動滑車を使って10kgの物体を2m持ち上げました。次の問いに答えましょう。ただし、100gの物体にはたらく重力の大きさを1Nとします。

(1) 物体にはたらく重力の大きさを求めましょう。

10kg = 10000g なので、重力の大きさは100N。

100N

(2) 動滑車を使って物体を2m持ち上げるのに必要な力の大きさを求めましょう。

$100N \times \frac{1}{2} = 50N$

50N

(3) 引いたひもの長さを求めましょう。

2m × 2 = 4m

4m

(4) このときの仕事の大きさを求めましょう。

50N × 4m = 200J

200J

仕事の能率をおさえよう!

1 次の式の①、②にあてはまる語句を入れましょう。

●仕事率〔W〕= $\dfrac{① \textbf{仕事}〔J〕}{② \textbf{時間}〔s〕}$

2 仕事の能率は1秒あたりの仕事の大きさで比べることができます。これを何といいますか。

仕事率

3 AさんとBさんが5kgの荷物を2m持ち上げました。次の問いに答えましょう。ただし、100gの物体にはたらく重力の大きさを1Nとします。

(1) このときの仕事の大きさを求めましょう。

100J

5kg = 5000g より、必要な力の大きさは50N。
50N × 2m = 100J

(2) Aさんは、この仕事をするのに10秒かかりました。このときの仕事率を求めましょう。

$\dfrac{100J}{10s} = 10W$

10W

(3) Bさんは、この仕事をするのに5秒かかりました。このときの仕事率を求めましょう。

$\dfrac{100J}{5s} = 20W$

20W

(4) AさんとBさんの仕事では、仕事の能率がよいのはどちらですか。

Bさん

物体がもつエネルギーをおさえよう!

1 次の問いに答えましょう。

(1) 運動している物体がもつエネルギーを何といいますか。

運動エネルギー

(2) 高いところにある物体がもつエネルギーを何といいますか。

位置エネルギー

(3) (1)と(2)を合わせて何といいますか。

力学的エネルギー

(4) (3)が一定に保たれることを何といいますか。

「力学的エネルギー保存の法則」も正解。 → **力学的エネルギーの保存**

2 次の図の①~④に最大、最小のいずれかを入れましょう。

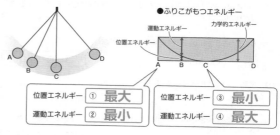

●ふりこがもつエネルギー

位置エネルギー ① **最大**
運動エネルギー ② **最小**

位置エネルギー ③ **最小**
運動エネルギー ④ **最大**

ステージ 35

エネルギーの変換と熱の伝わり方
さまざまなエネルギーを調べよう！

1 次の図の①〜⑥にあてはまる語句を入れましょう。

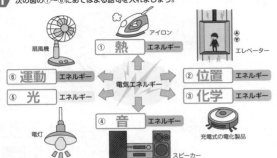

扇風機　アイロン　エレベーター　電灯　スピーカー　充電式の電化製品

① 熱 エネルギー
② 位置 エネルギー
③ 化学 エネルギー
④ 音 エネルギー
⑤ 光 エネルギー
⑥ 運動 エネルギー
電気エネルギー

2 次の問いに答えましょう。

(1) エネルギーの移り変わりの前後で、エネルギーの総量が変わらないことを何といいますか。
「エネルギー保存の法則」も正解。 → **エネルギーの保存**

(2) 物体の高温の部分から低温の部分に直接熱が伝わることを何といいますか。
伝導

(3) あたためられた空気や水が移動することで熱が伝わる現象を何といいますか。
対流

(4) はなれたところにある物体に熱が伝わる現象を何といいますか。
放射

確認テスト　③章

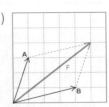

1 (1)　　　　(2)

2 (1)30cm/s　　(2)等速直線運動
(3)60cm/s

解説 (1)(1+2+3+4+5)cm ÷ 0.5s=30cm/s
(3)0.5〜0.7秒のとき、BC間を動いている。
6cm ÷ 0.1s=60cm/s

3 (1)150J　(2)7.5W　(3)25N　(4)150J

解説 (1)5kg=5000g → 50N　斜面を使った場合でも、そのまま上に持ち上げるときと同じ大きさの仕事になるので、50N × 3m = 150J
(2)150J ÷ 20s=7.5W
(3)50N × $\frac{1}{2}$=25N　(4)25N × 6m=150J

4 (1)A, D　(2)C　(3)エ

ステージ 36

星の日周運動
星の1日の動きを調べよう！

1 次の図の①〜④にあてはまる語句を入れましょう。

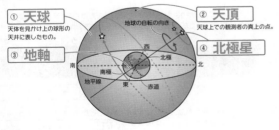

① 天球
天体を見かけ上の球形の天井に表したもの。
② 天頂
天球上での観測者の真上の点。
③ 地軸
④ 北極星
地球の自転の向き
南　西　北極　北　南極　東　赤道　地平線

2 次の問いに答えましょう。

(1) 夜空に見える星などの天体を、見かけ上の球形の天井に表したものを何といいますか。
天球

(2) 星が1日に1回、地球のまわりを回るように見えるのは、地球の何という動きによるものですか。
自転

(3) (2)によって、星は天球上をどの方位からどの方位に移動しているように見えますか。
東から西

(4) (2)によって、地球は1時間では約何度回転しますか。
15度

(5) 地球の自転によって生じる星の見かけの動きを何といいますか。
(星の)日周運動

ステージ 37

太陽の日周運動
太陽の1日の動きを調べよう！

1 次の図の①〜④にあてはまる語句を入れましょう。

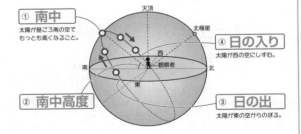

① 南中
太陽が昼ごろ南の空でもっとも高くなること。
② 南中高度
③ 日の出
太陽が東の空からのぼる。
④ 日の入り
太陽が西の空にしずむ。
天頂　北極星　西　観察者　南　北　東

2 次の問いに答えましょう。

(1) 太陽はどの方位からのぼりますか。
東

(2) 太陽の高度がもっとも高くなるのはどの方位ですか。
南

(3) 太陽が昼ごろに(2)の空でもっとも高くなることを何といいますか。
南中

(4) (3)のときの高度を何といいますか。
南中高度

(5) 地球の自転によって生じる太陽の見かけの動きを何といいますか。
(太陽の)日周運動

ステージ 38 星の年周運動

星の1年の動きを調べよう！

1 次の図の①～⑤にあてはまる語句を入れましょう。

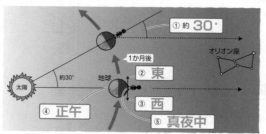

- ① 約 **30°**
- ② **東**
- ③ **西**
- ④ **正午**
- ⑤ **真夜中**

2 右の図は、南の空に見えるオリオン座の1か月ごとの動きを表したものです。次の問いに答えましょう。

(1) 図の位置から1か月後の同じ時刻に見えるオリオン座の位置を**ア**～**エ**から選びましょう。

ウ

(2) (1)のように、同じ時刻に見える星の位置が移動して見えるのは、地球の何という動きによるものですか。

公転

(3) 地球の(2)の動きによる星の1年間の見かけの動きを何といいますか。

(星の)年周運動

ステージ 39 太陽の年周運動

太陽の1年の動きを調べよう！

1 次の図について、あとの問いに答えましょう。

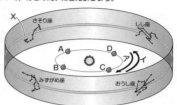

(1) 天球上の太陽の通り道である**X**を何といいますか。

黄道

(2) (1)の通り道近くにある12の星座を何といいますか。

黄道12星座

(3) 太陽は天球上で星座の間をどの方位からどの方位に移動するように見えますか。

西から東

(4) **A**～**D**のうち、みずがめ座を見ることができない地球の位置はどれですか。

D

(5) **A**～**D**のうち、さそり座が真夜中に南中する地球の位置はどれですか。

A

(6) 地球の公転の向きは**ア**、**イ**のうちどちらですか。

イ

ステージ 40 季節の変化

四季がある理由をおさえよう！

1 次の図の①～③には、春分・秋分、夏至、冬至のいずれかを、④～⑧にはあてはまる語句や角度を入れましょう。

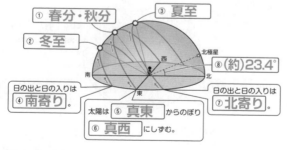

- ① **春分・秋分**
- ② **冬至**
- ③ **夏至**
- ⑧ **(約)23.4°**
- 日の出と日の入りは④ **南寄り**。
- 日の出と日の入りは⑦ **北寄り**。
- 太陽は⑤ **真東** からのぼり
- ⑥ **真西** にしずむ。

2 次の問いに答えましょう。

(1) 日本で春分、夏至、秋分、冬至のうち、太陽の南中高度がもっとも高くなるのはいつですか。

夏至

(2) (1)のころ、昼の長さはもっとも長くなりますか、短くなりますか。

長くなる。

(3) 日本で春分、夏至、秋分、冬至のうち、太陽の南中高度がもっとも低くなるのはいつですか。

冬至

(4) (3)のころ、昼の長さはもっとも長くなりますか、短くなりますか。

短くなる。

ステージ 41 太陽の特徴

太陽の表面のようすを調べよう！

1 天体望遠鏡で、2日おきに太陽の表面のようすを観察しました。次の問いに答えましょう。

(1) 次の図は太陽の表面のようすを観察し、記録したものです。**ア**～**ウ**を観察した順番に並べましょう。ただし、図の向きは肉眼で見た向きを表しているものとします。

ア　　　イ　　　ウ

ウ → ア → イ

(2) 黒点が太陽の表面でしだいに位置を変えていくことから、太陽についてどのようなことがわかりますか。

太陽が自転していること。

(3) 太陽表面の周辺部ではだ円形であった黒点が、中央部では円形になることから、太陽についてどのようなことがわかりますか。

太陽が球形であること。

2 次の問いに答えましょう。

(1) 太陽のように自ら光を出す星を何といいますか。

恒星

(2) 太陽表面の炎のようなガスの動きを何といいますか。

プロミネンス

(3) 太陽を取り巻く高温のガスの層を何といいますか。

コロナ

(4) 太陽を天体望遠鏡で観察すると観察できる黒い斑点を何といいますか。

黒点

12

太陽系の惑星を調べよう！

1 次の表の①～⑧にあてはまる惑星の名前を入れましょう。

地球型惑星	① 水星	② 金星	③ 地球	④ 火星
	太陽系でもっとも小さな惑星。	地球のすぐ内側を公転する惑星。	私たちが住む惑星。表面に海がある。	地球のすぐ外側を公転する惑星。

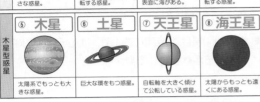

木星型惑星	⑤ 木星	⑥ 土星	⑦ 天王星	⑧ 海王星
	太陽系でもっとも大きな惑星。	巨大な環をもつ惑星。	自転軸を大きく傾けて公転している惑星。	太陽からもっとも遠くにある惑星。

2 次の問いに答えましょう。

(1) 太陽とそのまわりを公転する天体をまとめて何といいますか。 **太陽系**

(2) (1)にはいくつの惑星がありますか。 **8つ**

(3) (1)の惑星のうち，小型でおもに岩石からなる惑星を何といいますか。 **地球型惑星**

(4) (1)の惑星のうち，大型でおもにガスからなる惑星を何といいますか。 **木星型惑星**

いろいろな天体を調べよう！

1 次の図の①，②にあてはまる語句を入れましょう。

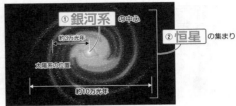

① **銀河系** の中心
約3万光年
太陽系の位置
② **恒星** の集まり
約10万光年

2 次の問いに答えましょう。

(1) 太陽系に存在する天体のうち，火星と木星の間に多数見られるものを何といいますか。 **小惑星**

(2) 太陽系に存在する天体のうち，氷やちりが集まってできており，太陽のそばを通るときに尾を引くことがあるものを何といいますか。 **すい星**

(3) 太陽系で惑星以外に存在する天体のうち，海王星より外側を公転するものを何といいますか。 **太陽系外縁天体**

(4) 惑星のまわりを公転する天体を何といいますか。 **衛星**

(5) 地球の(4)は何ですか。 **月**

(6) 銀河のうち，太陽系をふくむものを何といいますか。 **銀河系**

月の動きと見え方を調べよう！

1 次の図の①～⑤にあてはまる語句を入れましょう。

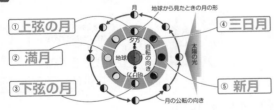

①**上弦の月**
②**満月**
③**下弦の月**
④**三日月**
⑤**新月**

地球から見たときの月の形
夕方
地球
自転の向き
真夜中
太陽の光
月の公転の向き

2 次の図は，北極星側から見た地球と月の位置を示したものです。あとの問いに答えましょう。

地球
月の公転の向き
a
b
月
太陽の光

(1) 図の位置に月があるとき，月は日本からどのように見えますか。次の**ア～エ**から選びましょう。 **エ**

ア　イ　ウ　エ

(2) 月の公転の向きは**a**，**b**のどちらですか。 **b**

月は地球のまわりを反時計回りに公転している。

日食と月食についておさえよう！

1 次の図の①～③にあてはまる語句を入れましょう。

太陽の一部が月にかくされること。
① **部分日食**
② **皆既日食**
太陽全体が月にかくされること。
地球　月　太陽

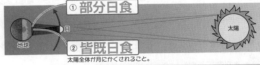

③ **皆既月食**
月全体が地球のかげに入りかくされること。
月　地球　太陽
月が公転する軌道

部分月食

2 次の問いに答えましょう。

(1) 太陽が月にかくされる現象を何といいますか。 **日食**

(2) (1)が起こる場合の月は，新月と満月のどちらのときですか。 **新月**

(3) (1)が起こるときの太陽，地球，月の並ぶ順はどうなっていますか。 「地球・月・太陽」も正解 **太陽・月・地球**

(4) 月が地球のかげに入る現象を何といいますか。 **月食**

(5) (4)が起こる場合の月は，新月と満月のどちらのときですか。 **満月**

(6) (4)が起こるときの太陽，地球，月の並ぶ順はどうなっていますか。 「月・地球・太陽」も正解 **太陽・地球・月**

ステージ 46 金星の満ち欠け 金星の動きと見え方を調べよう！

1 次の図の①～④にあてはまる語句を入れましょう。

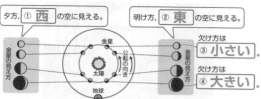

夕方，① **西** の空に見える。　明け方，② **東** の空に見える。

金星 / 公転の向き / 太陽 / 地球

金星の見え方 / 欠け方は ③ **小さい**。

金星の見え方 / 欠け方は ④ **大きい**。

2 次の問いに答えましょう。

(1) 太陽系で，地球より内側を公転する惑星を何といいますか。

内惑星

(2) 太陽系で，地球より外側を公転する惑星を何といいますか。

外惑星

3 右の図は，地球と金星の位置を示したものです。次の問いに答えましょう。

(1) Bの位置に金星があるとき，金星はどのように見えますか。次の**ア～ウ**から選びましょう。

 ア　 イ　 ウ　　**イ**

A / B / 金星 / 太陽 / C / D / 地球 / 公転の向き

(2) 真夜中には，金星は見えますか，見えませんか。

見えない。

確認テスト 4章

1 (1)ア　　(2)エ

解説 (1)夏至の日に南中高度がもっとも高くなる。

2 (1)北の空…A　星の動き…イ
　　(2)西の空…D　星の動き…イ
　　(3)お　　(4)か

解説 (3)(4)星は1時間に約15°，1か月に約30°東から西へ移動して見える。

3 (1)E　　(2)B
　　(3)日食…G　　月食…C

解説 (2)月は29.5日で同じ形にもどる。
　　(3)新月のときに日食，満月のときに月食が起こることがある。

4 (1)惑星　　(2)エ，オ，カ　　(3)エ

解説 (2)ア，イ，ウは夕方の西の空に見え，エ，オ，カは明け方に東の空に見える。

ステージ 47 さまざまな発電方法 さまざまな発電方法をおさえよう！

1 次の①～③にあてはまる語句を入れましょう。

●火力発電　① **化学** エネルギー → 熱エネルギー → 電気エネルギー

●水力発電　② **位置** エネルギー → 電気エネルギー

●原子力発電　③ **核** エネルギー → 熱エネルギー → 電気エネルギー

2 次の問いに答えましょう。

(1) 火力発電で使われる，石油，石炭，天然ガスなどの燃料を何といいますか。

化石燃料

(2) (1)などの資源に代わり，太陽光や風力など，いつまでも利用できるエネルギーを何といいますか。

再生可能エネルギー

(3) 原子力発電で使われる，ウランなどの燃料を何といいますか。

核燃料

3 次の問いに答えましょう。

(1) 放射線には，原子をイオンにする性質がありますか，ありませんか。

ある。

(2) 放射線には，物体を通り抜ける性質がありますか，ありませんか。

ある。

(3) 放射線が人体に与える影響を表す単位は何ですか。記号で書きましょう。

シーベルトと読む。　　**Sv**

ステージ 48 科学技術の利用 科学技術の発展について調べよう！

1 プラスチックの一般的な性質について，正しくないものをすべて選びましょう。

ア　加工しやすい
イ　無機物である
ウ　自然界で分解されやすい
エ　電気を通しにくい
オ　さびすくさりにくい

イ，ウ

2 次の問いに答えましょう。

(1) 過去の膨大なデータから人間の脳のようにものごとを考えることができるものをアルファベットで何といいますか。

AI

(2) エネルギー資源や自然環境を保全しながら，将来の世代にわたって便利で豊かな生活を安定して続けていける社会を何といいますか。

持続可能な社会

(3) 自動車の排出ガスによる大気汚染に対して，科学技術でどう解決してきたか。次の**ア～ウ**から選びましょう。

イ

ア　エアバッグなどの安全装置の開発
イ　排出ガス浄化装置の性能向上
ウ　自動車の衝突回避システムの開発

ステージ49　食物連鎖
自然界のつり合いを見てみよう！

1 次の図の①〜③にあてはまる，生態系における役割を表す語句を入れましょう。

① 消費者 ── 肉食動物
② 消費者 ── 草食動物
③ 生産者 ── 植物

2 次の問いに答えましょう。

(1) ある地域にすむ生物とそれらをとりまく環境をまとめて何といいますか。

生態系

(2) (1)での生物どうしの「食べる・食べられる」のつながりを何といいますか。

食物連鎖

(3) (2)の関係は，実際には，網の目のように複雑になっていますが，これを何といいますか。

食物網

(4) 生態系において，植物のように有機物をつくり出す生物を何といいますか。

生産者

(5) 生態系において，動物のようにほかの生物を食べることで有機物を得ている生物を何といいますか。

消費者

ステージ50　炭素の循環
自然界の炭素の循環を見てみよう！

1 次の図の①〜④にあてはまる語句を入れましょう。

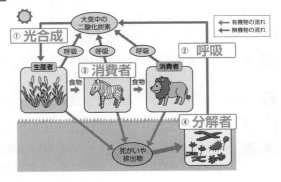

① 光合成
② 呼吸
③ 消費者
④ 分解者

大気中の二酸化炭素　呼吸　生産者　食物　死がいや排出物

← 有機物の流れ
← 無機物の流れ

2 次の問いに答えましょう。

(1) 生態系において，落ち葉や生物の死がい，ふんなどの有機物を利用して無機物に分解する生物を何といいますか。

分解者

(2) ダンゴムシは生産者と分解者のどちらですか。

分解者

ステージ51　自然災害と環境の変化
災害や環境について調べよう！

1 次の図の①，②にあてはまる語句を入れましょう。

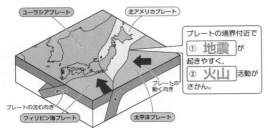

ユーラシアプレート　北アメリカプレート
フィリピン海プレート　太平洋プレート
プレートの沈む向き　プレートの動く向き

プレートの境界付近で
① 地震 が起きやすく，
② 火山 活動がさかん。

2 次の問いに答えましょう。

(1) 大量の化石燃料の燃焼や森林のばっ採など，人間の活動により，大気中の濃度が高くなってきている気体は何ですか。

二酸化炭素

(2) (1)の気体には，温室効果がありますか，ありませんか。

ある。

(3) 温室効果のある気体の増加が原因の1つと考えられている，地球の平均気温が上昇する現象を何といいますか。

地球温暖化

(4) もともとすんでいなかった地域に，ほかの地域から人間によって持ちこまれ定着した生物を何といいますか。

外来生物（外来種）

ステージ52　自然環境の保全
生物がすみやすい環境を調べよう！

1 次の表の①〜④にあてはまる生物をあとのア〜エから選んで記号を入れましょう。

きれいな水	ややきれいな水	きたない水	とてもきたない水
① ウ	② イ	③ エ	④ ア

ア　アメリカザリガニ
イ　ゲンジボタル
ウ　サワガニ
エ　タニシ類

2 次の問いに答えましょう。

(1) 豊かな自然を維持するために，人間が積極的に自然環境にかかわることを何といいますか。

（環境の）保全

(2) 小笠原諸島や白神山地などが登録されている，ユネスコが認めた自然環境を何といいますか。

世界自然遺産

15

1 (1)化石燃料　　(2)運動エネルギー
(3)イ，ウ，オ　　(4)シーベルト(Sv)
(5)プラスチック　　(6)持続可能な社会

解説 (3)火力発電に使われる化石燃料や原子力発電に
　　使われるウランには限りがある。

2 (1)食物連鎖　　(2)生産者　　(3)消費者
(4)イ→ウ→ア

解説 (4)草食動物がふえると，それを食べる肉食動物
　　がふえ，植物は減る。植物が減るとそれを食
　　べる草食動物が減り，肉食動物も減って，も
　　とのつり合いのとれた状態になる。

3 (1)分解者　　(2)二酸化炭素　　(3)呼吸

解説 (1)分解者としては菌類や細菌類，ミミズなどが
　　知られている。

4 (1)地震　　(2)地球温暖化

解説 (1)プレートの境界では，火山活動も活発である。